有蛹期階段的類群

稱為「完全變態」，經歷卵、幼蟲、蛹、成蟲等階段，昆蟲形態經歷極大轉變。通常幼蟲與成蟲的食物和棲地截然不同。

甲蟲類

全身堅硬、覆蓋著鎧甲，是種類最多的昆蟲。

象鼻蟲

帶有長口器的象鼻蟲，雌蟲利用口器在橡實開洞產卵。

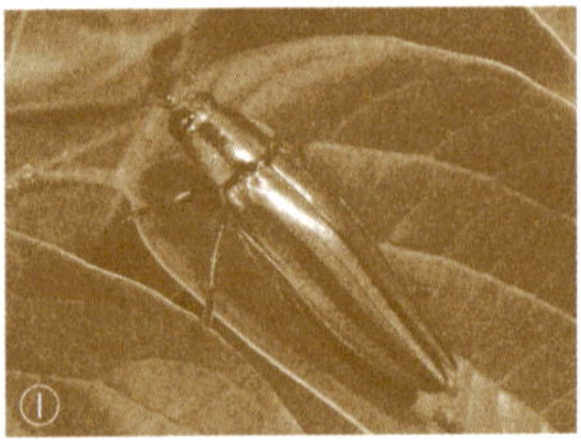

彩虹吉丁蟲

特徵是全身帶有金屬光澤，幼蟲吃枯木。

食蝸步行蟲

屬於肉食性步行蟲，以蝸牛和蚯蚓為食。

日本大龍蝨

水生昆蟲的一種，捕食其他昆蟲維生。

蠅蚊類（雙翅目）

只有前翅，除了蚊子之外，其他同類的幼蟲都沒有腳。

白線斑蚊

蚊子也是雙翅目昆蟲，但是和蒼蠅不同，雌蟲以細長口器吸動物的血。

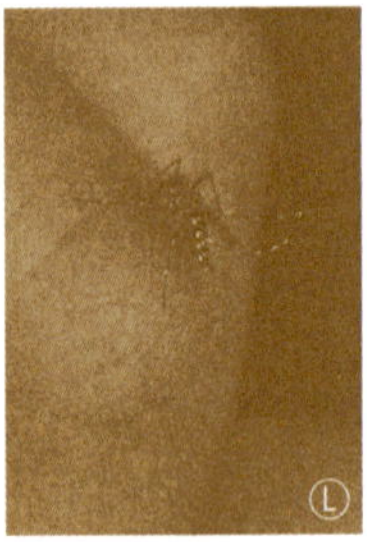

食蚜蠅

食蚜蠅科的昆蟲以花蜜和花粉為食，幼蟲在水中生活。此外，非食蚜蠅的其他虻類昆蟲，雌蟲用尖銳口器吸動物的血。

蛾蝶類（鱗翅目）

翅膀和身體表面覆蓋鱗粉。幼蟲稱為蠋或毛毛蟲。

大紫蛺蝶

幼蟲吃朴樹葉長大，成蟲聚集在麻櫟樹，吸取樹液。

咖啡透翅天蛾

雖然是蛾（蛾、蝶為同一類），但牠們在白天飛翔，成蟲的翅膀是透明的。幼蟲吃梔子葉長大，在土中化成蛹。

蜂蟻類（膜翅目）

前後翅膀形成一體，拍動飛行，有些雌蟲身上帶毒針。

黑紋長腳蜂

利用難咬的植物纖維製造水平擴展的巢，過著社會生活。

針毛收割家蟻

螞蟻也是膜翅目的一種。有長觸角、發達的大顎，腹部為細腰寬卵形。針毛收割家蟻會在地底深處做巢，收集禾本科種子。

攝影／植松國雄ⒶⓄ、朝倉秀之ⒷⒻⓀⓁ、OKUYAMA HISASHI ⒹⒺⓂⓃⓅ、酒井春彥Ⓠ　影像提供／PIXTA ⒸⒽ、丸山宗利Ⓖ、森林綜合研究所四國支所Ⓘ、photolibrary Ⓙ

「粗略」的概分來看！昆蟲的分類

昆蟲大致可分為三類：有蛹期的昆蟲、無蛹期的昆蟲，以及成蟲無翅膀的昆蟲。在這裡我們將介紹每個類別的代表昆蟲。

無蛹期的類群

稱為「不完全變態」。若蟲經過多次蛻皮，長成帶著翅膀的成蟲。若蟲與成蟲的外形和生活相似。

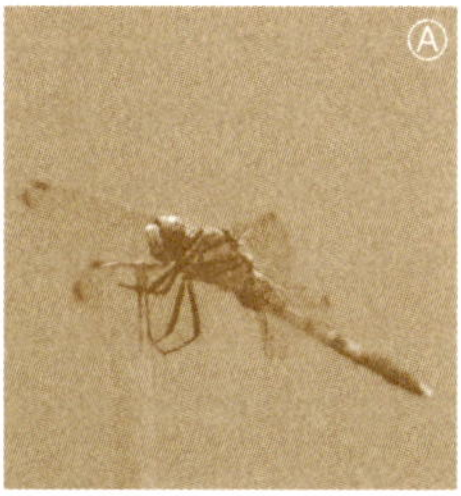

蜻蜓類

身體細長，特徵是有複眼和翅膀。若蟲為水生，稱為水蠆。

白刃蜻蜓

和其他蜻蜓同類一樣，無論若蟲或成蟲，都會捕食其他昆蟲。

蝗蟲類

後肢發達，適合跳躍。

日本鐘蟋（鈴蟲）

與蟋蟀一樣，雄蟲摩擦左右前翅，發出鳴叫聲。

螽斯

與同類的蚱蜢、蝗蟲不同，蟋蟀及螽斯的觸角較長。雄蟲利用前翅發出「唧唧唧」的叫聲。

椿象類

以細長如針的口器，吸取植物汁液與動物體液。

伊錐同椿

吸取燈台樹等植物汁液，雌蟲負責保護卵和若蟲。

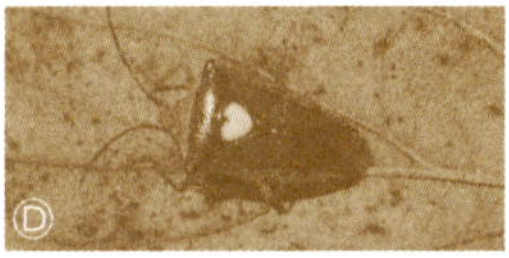

日本油蟬

雄蟲的腹部有發聲器官，幼蟲在地底生活好幾年。

負子蟲

和水黽、狄氏大田鱉一樣是水生昆蟲，會吸取昆蟲體液。雄蟲背卵，直到孵化為止。

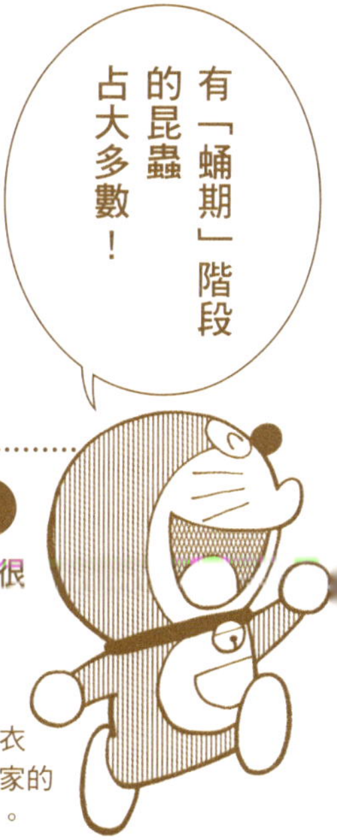
有「蛹期」階段的昆蟲占大多數！

成蟲無翅膀的類群

稱為「無變態」，指的是若蟲與成蟲形態幾乎沒變的原始昆蟲。除了衣魚目之外，古口目也屬於此族群。

衣魚目昆蟲

身體扁平，動作很敏捷。

絨毛衣魚

日本自古存在的櫛衣魚是棲息在一般人家的害蟲，以吃紙維生。

★除了此處介紹的昆蟲之外，無蛹期的族群包括竹節蟲、蠼螋、白蟻、蟑螂、螳螂等族群。有「蛹期」階段的昆蟲包括脈翅目、長翅目、石蛾等族群。

DORAEMON 哆啦A夢

科學大冒險

昆蟲星球探險隊

角色原作：藤子・F・不二雄

漫畫：肘岡誠　日文版審訂：丸山宗利（九州大學綜合研究博物館副教授）

譯者：游韻馨　台灣版審訂：顏聖紘

哆啦A夢科學大冒險
昆蟲星球探險隊

目錄

⬆看起來像蜜蜂的昆蟲其實是……？（詳見33頁）

⬆蝴蝶身上的三角形物體（箭頭處）究竟是什麼？（詳見71頁）

⬆切葉蜂為什麼要切下圓形的葉片？（詳見80頁）

●角色原作／藤子・F・不二雄

●漫畫／肘岡誠

●日文版審訂／丸山宗利（九州大學綜合研究博物館副教授）

●封面・內頁設計／堀中亞理、雨宮真子＋Bay Bridge Studio

●插畫／阿部義記、杉山真理

●製作／酒井KAWORI

●資料收集／木戶禮

●編輯／藤田健一

影像提供／立川生物資料庫Ⓐ、PIXTA ⒷⒸ

第1章 地球是「昆蟲行星」？

8月
來，休息一下。等一下還要練習守備。
肚子餓了。
グウゥ
我已經累到動不了了。
※咕嚕咕嚕
不介意的話，要不要吃這個？
出木杉真是可靠！
看起來好好吃喔！
這是什麼口味的煎餅？

★使用蟋蟀製成的食品通常含有與蝦蟹等甲殼類相似的成分，對於蝦蟹過敏的人請勿食用。

什麼！竟然有這麼多種的昆蟲食物？
這些食物與蟋蟀煎餅不同，直接呈現出昆蟲外形，讓人看了有點……
裡面使用了哪些昆蟲呢？
讓我們用「回溯照相機」看看昆蟲原本的模樣！
這台相機可以拍到過去的影像。
把時間調到3小時前……

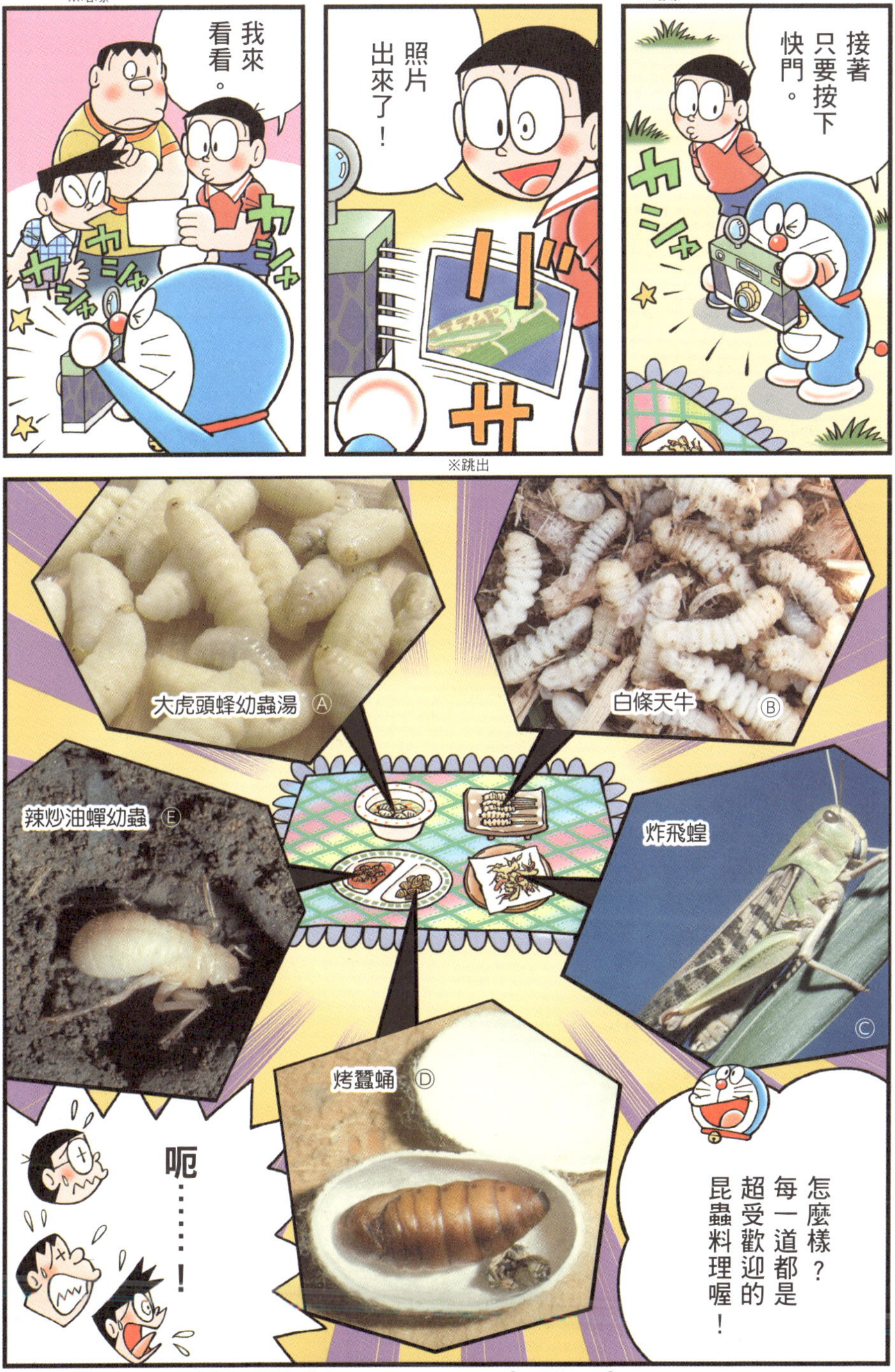

攝影／OKUYAMA HISASHIⒸⒹⒺ　影像提供／MUSHIMOZERUGIRIKOⒶ、小池RYOⒷ

現在我該從哪一道開始吃呢？
油蟬的味道也好像蝦子呢！
※咀嚼
※一口咬下
我也要吃吃看！
パク
大雄這傢伙裝什麼英雄，我才不怕呢！
もぐもぐ
只要把眼睛閉上……就能吃下肚。
※一口咬下
※咀嚼
怎麼樣？
咦？
もぐもぐ
嗯？
パク
咦？
好好吃！天牛吃起來好像黏稠的堅果！
蠶蛹好下飯啊！
蜜蜂幼蟲又甜又綿密，真是不可思議！

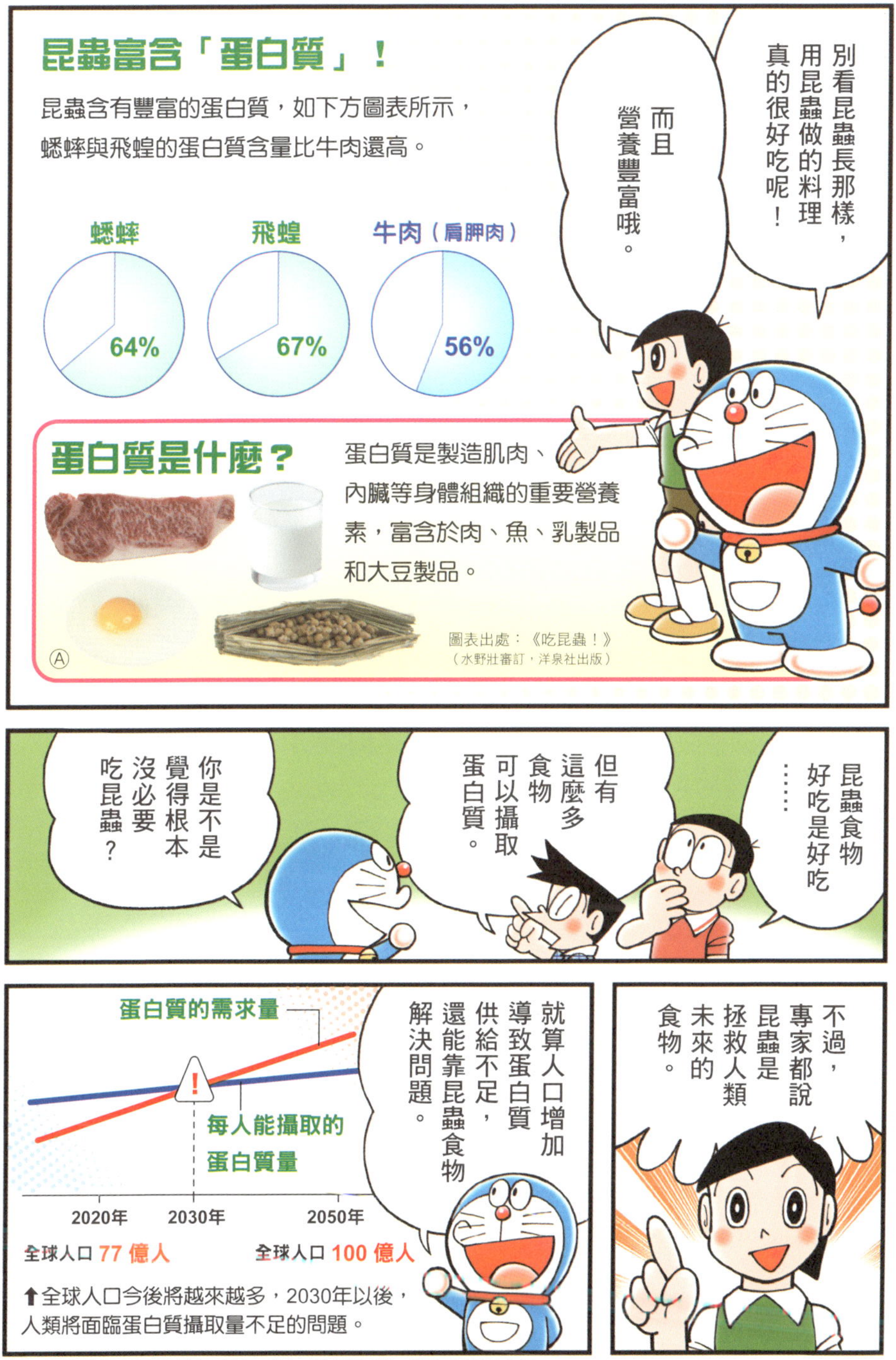

出處：聯合國「2019年世界人口展望」報告／千歲研究所　攝影／朝倉秀之Ⓐ

如果不吃昆蟲，大量飼養牛、豬、雞，難道不能補足蛋白質需求量嗎？
飼養家畜需要大量的飼料和水，即使增加數量也有一定限度。

就這一點而言，昆蟲比家畜好太多了。

製造 1kg 蛋白質需要……

比起家畜，昆蟲只要少量的水和飼料就能飼養，
而且不會排出造成地球暖化的氣體。

	必要的飼料量	必要的水量	溫室效應氣體的排放量
蟋蟀	1.7kg	4ℓ	0.1kg
雞	2.5kg	2300ℓ	0.3kg
豬	5kg	3500ℓ	1.1kg
牛	10kg	22000ℓ	2.8kg

出處：2013年FAO（聯合國糧食及農業組織）報告書

原來如此，飼養昆蟲只要少許的水和飼料，就能製造大量蛋白質。
昆蟲是對地球友善的食物呢！

而且昆蟲有許多種，
味道和吃法也有許多變化。

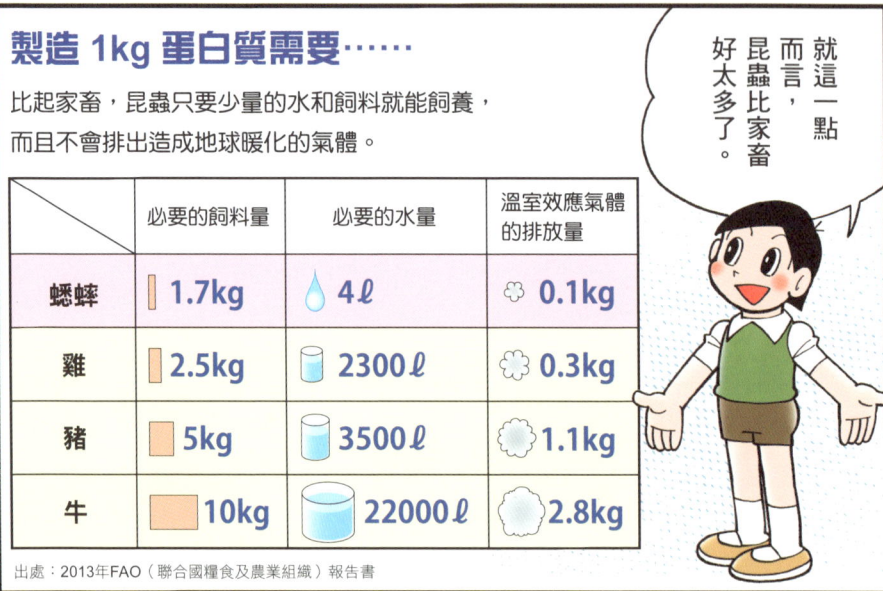

★昆蟲食物必須由具備專業知識的人調理才能食用，千萬不要直接吃在野外抓到的昆蟲。

昆蟲料理 3星 美食指南

昆蟲料理深深擄獲了胖虎等人的心，想知道「哪道菜最好吃」、「人類是否自古就喜歡吃昆蟲」嗎？一起來看本頁內容吧！

味道與口感 BEST 3

編輯部自信推薦「超越肉類和魚類」的極美味昆蟲料理！

大虎頭蜂 幼蟲 義大利麵

成蛹前的幼蟲吃起來綿密濃郁，美味堪比魚類白子（精巢）。除了如上圖般做成義大利麵之外，做成湯或串燒也很好吃。

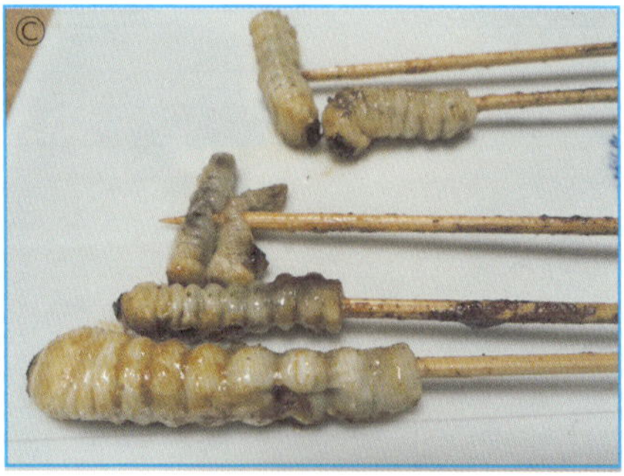

白條天牛 幼蟲 串燒

入口即化的口感宛如「鮪魚大腹肉」，在日本的昆蟲美食中公認最美味。如上圖先用奶油嫩煎，再淋上醬油，是最棒的吃法。

日本油蟬 幼蟲 辣炒料理

不曉得是否因為日本油蟬在地底吸取樹液長大的關係，吃起來像是炒過的堅果。肉質飽滿，味道和口感幾乎與蝦子無異。代替蝦子用辣椒醬炒是最經典的調理方式。也很適合煙燻，製成香腸類食品。

⬇天牛幼蟲棲息在枹櫟樹的樹芯，吃樹芯長大，直到羽化。因此，必須劈開倒木才能取出幼蟲。

白條天牛幼蟲的採集需要花費好大一番工夫啊！

影像提供／MUSHIMOZERUGIRIKOⒶ、內山昭一Ⓑ、小池RYOⒸⒹ、PIXTAⒺⒻⒾ、JA長野縣Ⓖ、昆蟲食TAKEOⒽⒿ

日本傳統！四大食材

日本人自古就吃富含蛋白質的蜂蛹（蜜蜂幼蟲）、蝗蟲、水生昆蟲（石蠅、石蠶蛾和蜻蜓等）的幼蟲、蠶等昆蟲，現在仍是常見的市售商品。

水生昆蟲 幼蟲 佃煮

上方照片是斑紋角石蛾，這類棲息在長野縣乾淨河川、可食用的水生昆蟲幼蟲，在日本統稱為「ザザムシ(ZAZAMUSHI)」。做成佃煮料理（左邊照片）真好吃。

蝗蟲 成蟲 佃煮

蝗蟲是吃稻子的害蟲，味道像蝦子，深受日本東北地方與長野縣民喜愛。做成又甜又鹹的佃煮料理，可說是人間美味。

拯救人類！昆蟲食材的希望

以下兩種昆蟲特別容易養殖，味道好，營養價值高，有助於解決糧食不足的問題。

蟋蟀 成蟲

左邊照片是使用蟋蟀粉末製成的「蟋蟀米菓」。

蠶 蛹

帶有豆子的風味。右邊照片是韓國的「蠶蛹」料理，剝開蠶蛹後調味製成。

海外超受歡迎的昆蟲食材

不只是日本，全世界約有2000種昆蟲食材。在此介紹兩種最具代表性的食材。

印度田鱉 成蟲

雄蟲會釋放出甜甜的香氣，是泰國料理常用來增添風味的重要食材。

竹蟲 幼蟲

這種蛾的幼蟲經過油炸後，帶有蝦子的口感。是深受泰國民眾喜愛的食物。

第十頁已經說明過，將昆蟲當成食材飼養，比家畜更「環保」。其實，昆蟲食材還有許多比家畜更棒的優點。

舉例來說，牛要飼養兩年半才能食用，蟋蟀只要養一個月就能吃。無須屋舍和牧場，只要少許的水和飼料，還能節省時間與空間，好處相當多。

不僅如此，肉類和魚類經過屠宰處理後，必須丟掉骨頭、內臟等許多部位。但絕大多數的昆蟲整隻都能食用，廢棄部分很少。

近幾年，大城市出現許多昆蟲料理餐廳，一般消費者也能上網訂購昆蟲食材。各位不妨放下偏見，試著品嘗一下這種「未來食材」？

照片收藏／味之素飲食文化中心Ⓚ

↑展翅後的大小約為60～70mm，常見於日本關東地區以西的地方。照片為雌蝶，雄蝶的翅膀沒有白邊。

影像提供／PIXTA

將昆蟲探知卡貼在「任意門」上，
就能到該昆蟲棲息的地方。
カチャ
※開門
感覺很有趣！一起去看看吧！
這裡是哪裡啊？
這裡是印尼。
什麼？我們到國外啦？
原來大鳳蝶不是只有日本有啊。
大鳳蝶原本的棲息地就是南至東南亞、北至九州與四國。
各年分藍線的左邊是大鳳蝶棲息地，可以看出過去60年有往東擴展的趨勢。
1940年
1945年
1997年
2000年
可能是受到地球暖化的影響，最近東京等關東地區也能看見大鳳蝶的身影。
※引自山梨縣環境科學研究所的調查研究
原來如此，我懂了！

昆蟲種類多，是因為會飛的關係嗎？
沒錯！這是原因之一。
很久很久以前，百分之九十九的昆蟲都有翅膀，會到處飛。
牠們飛到新的環境後，就會適應環境，持續演化。
由於這個緣故，除了沙漠和南北極之外，全球各地都能看到蝴蝶。
在標高 2500m 以上高山棲息的蝴蝶
濃酒眼蝶
棲息在日本最寒冷地區的蝴蝶之一，常見於日本的飛驒山脈（岐阜縣等）和八岳（長野縣、山梨縣），要整整兩年才成長至成蟲。
如果不算蝴蝶，喜瑪拉雅的冰河也有昆蟲棲息喔！
真的嗎？
那就來用搖蚊的卡片吧！
下一站是冰河喔！
一定很好玩！一起去吧！
等等我！

影像提供／幸島司郎（京都大學野生動物研究中心名譽教授）

昆蟲究竟是什麼樣的動物？

外觀近似的蜘蛛和蜈蚣，與昆蟲有何不同？只要仔細研究身體構造，就能清楚辨識個別的生理特徵！

昆蟲的身體構造

昆蟲屬於節肢動物（參見左頁說明），與其他同類相較，有三大不同之處。

胸部 負責運動，有3對足和2對翅膀。分成前胸、中胸與後胸三個體節。

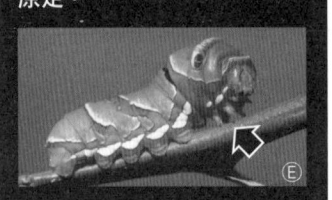

❶分成頭部、胸部、腹部

誠如下方大虎頭蜂的照片所示，昆蟲最大的身體特徵是身體分成三個部分。

頭部 有1對觸角和複眼，觸角可感覺氣味和振動，複眼是看東西的器官。昆蟲還有腦部，負責處理觸角和複眼收集的資訊，對全身下達指令。

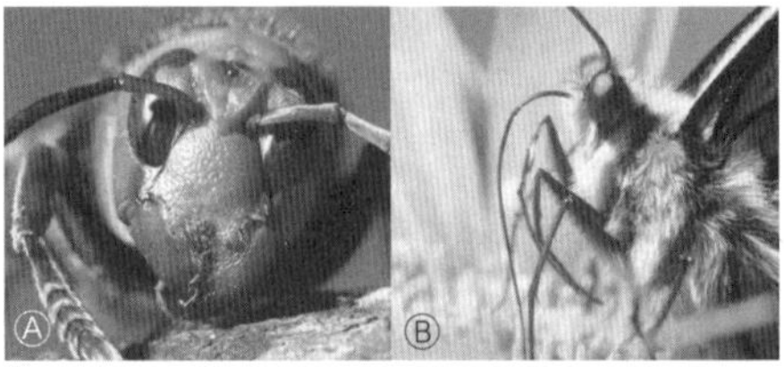

←頭部還有吃東西的口器。口器形狀依吃的食物不同，左邊的大虎頭蜂是嚼吸式口器，右邊的黃鳳蝶是虹吸式口器。

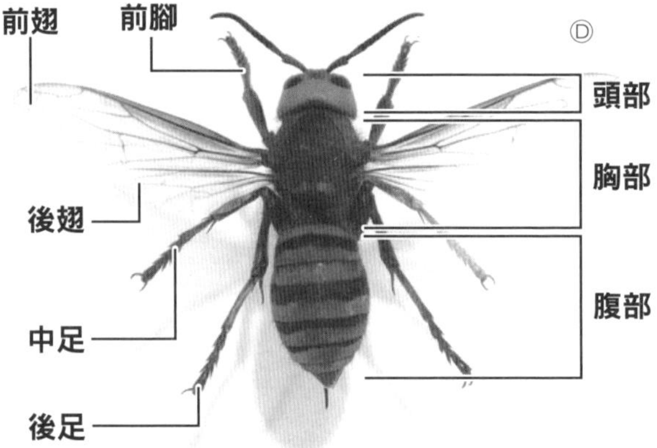

腹部 此處有負責呼吸的氣門與氣管，負責消化與吸收的消化管，以及繁衍子孫的器官。

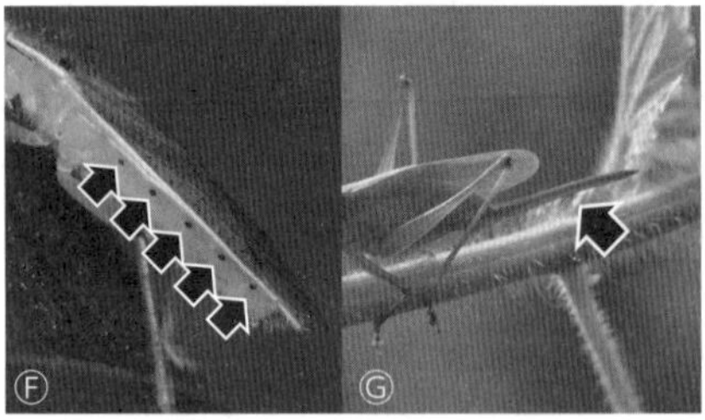

←左圖是蠊形嬌異蝽的氣門（箭頭處），氣門是空氣出入口。右圖是藪螽斯的雌蟲，將長長的產卵管（箭頭處）插入地面產卵。

❷有6隻腳

分別在前胸、中胸與後胸各有1對足。

❸有4片翅膀

胸部背側有2對翅膀，但有些昆蟲的翅膀已退化。

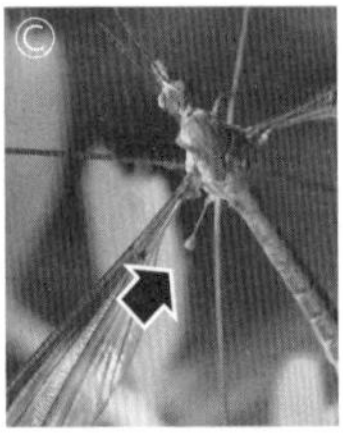

←這是雙翅目底下大蚊的一種，後翅已退化得非常小（箭頭處）。

幼蟲也有6隻腳？

以鳳蝶為例，箭頭處有3對真正的腳，其他剩下的都是原足。

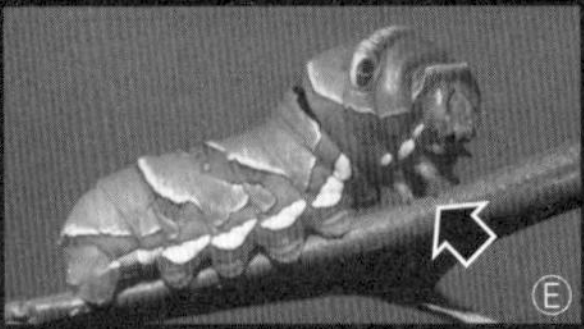

昆蟲是「節肢動物」的一個類群

動物大致可分成有脊柱的脊椎動物，以及沒有脊柱的無脊椎動物。昆蟲屬於無脊椎動物，擁有「外骨骼」，身體由許多節構成，是節肢動物中的一個類群。

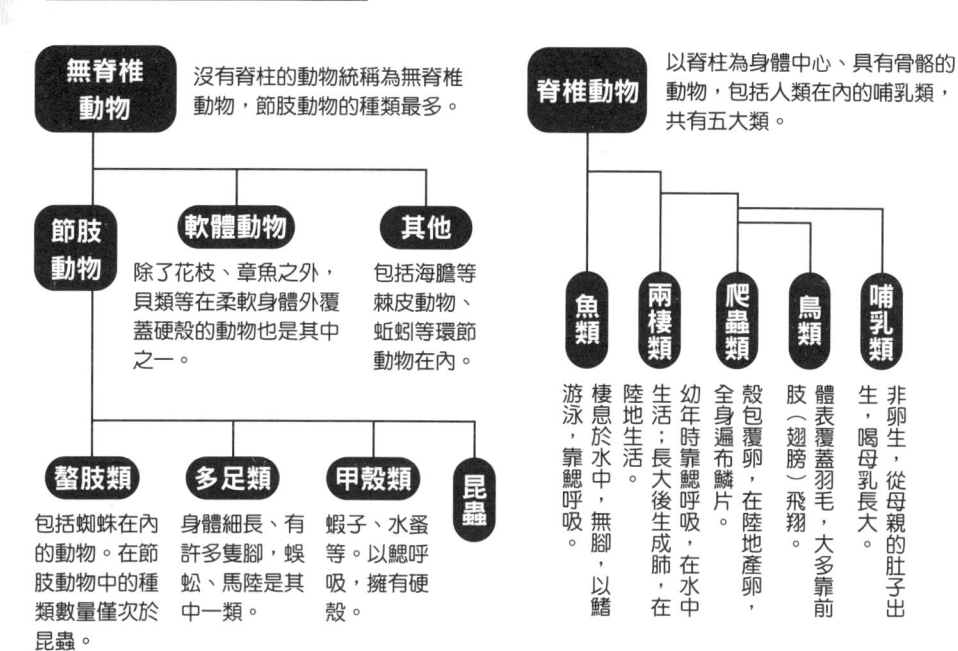

無脊椎動物　沒有脊柱的動物統稱為無脊椎動物，節肢動物的種類最多。

- **節肢動物**
  - **螯肢類**　包括蜘蛛在內的動物。在節肢動物中的種類數量僅次於昆蟲。
  - **多足類**　身體細長、有許多隻腳，蜈蚣、馬陸是其中一類。
  - **甲殼類**　蝦子、水蚤等。以鰓呼吸，擁有硬殼。
  - **昆蟲**
- **軟體動物**　除了花枝、章魚之外，貝類等在柔軟身體外覆蓋硬殼的動物也是其中之一。
- **其他**　包括海膽等棘皮動物、蚯蚓等環節動物在內。

脊椎動物　以脊柱為身體中心、具有骨骼的動物，包括人類在內的哺乳類，共有五大類。

- **哺乳類**　非卵生，從母親的肚子出生，喝母乳長大。
- **鳥類**　體表覆蓋羽毛，大多靠前肢（翅膀）飛翔。
- **爬蟲類**　殼包覆卵，在陸地產卵，全身遍布鱗片。
- **兩棲類**　幼年時靠鰓呼吸，在水中生活；長大後生成肺，在陸地生活。
- **魚類**　棲息於水中，無腳，以鰭游泳，靠鰓呼吸。

擁有堅硬的「外骨骼」

名為「外骨骼」的硬殼是節肢動物的身體特徵之一。肌肉外有骨骼，這一點與脊椎動物相反。

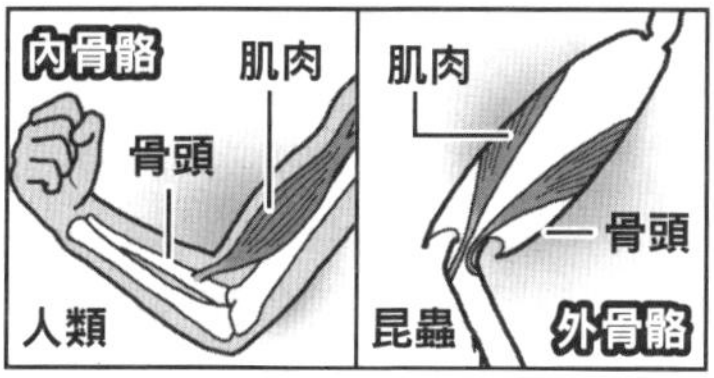

內骨骼
肌肉
骨頭
人類
肌肉
骨頭
昆蟲
外骨骼

腳上有節

節肢動物的身體有「體節」，由形狀不同的節組成。

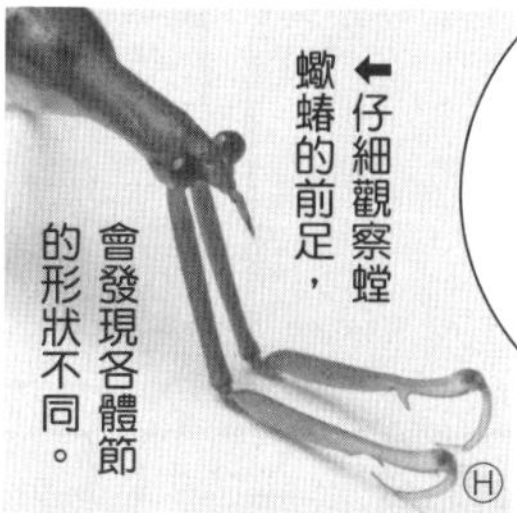

←仔細觀察螳螂的前足，
會發現各體節的形狀不同。
Ⓗ

比起蜘蛛和蜈蚣，昆蟲更接近螃蟹與蝦子。

昆蟲的身體分成三個部分，各有各的職責，頭部負責「收集資訊」。因此，即使失去身體的其他部位，剩下的部位仍然能夠獨自完成自己的工作。

雄螳螂在交配過程中可能會被雌螳螂吃掉，即使如此，雄螳螂的腹部還是會與雌螳螂緊密相連，完成交配。

昆蟲的身體可以如此完美的「分工」，可說是昆蟲至今仍然欣欣向榮的原因之一。

攝影／OKUREYAMA HISASHIⒶⒷⒺ、植松國雄Ⓖ、朝倉秀之Ⓗ　影像提供／PIXTAⒸⒻ、photolibraryⒹ

再次回到後山
你剛剛說昆蟲會飛是種類繁多的原因之一，還有其他原因嗎？
關於這一點，我們就來請教大鳳蝶吧！
這裡有隻大鳳蝶。
那棵是枸橘樹。
這麼說的話……
真的有呢！你們快來看！
這些是……卵？
※照射
大鳳蝶會將卵產在枸橘樹等芸香科植物的葉子上。
既然如此，
那就用「成長促進燈」讓鳳蝶快快長大吧！

完全變態與不完全變態

變態大致可分成完全變態與不完全變態。如上方的瓢蟲照片所示，有化蛹時期的就是完全變態，無化蛹時期則是不完全變態。蜻蜓、蝗蟲、椿象等類群屬於不完全變態。

攝影／OKUYAMA HISASHI

你們看，成蟲現在剛好在吸食花蜜，還記得幼蟲是吃什麼嗎？
我懂了！
變態之後，幼蟲和成蟲吃的食物不同，不會彼此競爭。
大鳳蝶的幼蟲與成蟲以及各自的食物
幼蟲吃植物的葉子，成蟲吸花蜜。
幼蟲
成蟲
Ⓒ
Ⓐ
芸香科植物的葉子
Ⓓ
花蜜
Ⓑ
沒錯！吃的食物不同，棲息地點自然也不一樣。
我懂了！只要幼蟲與成蟲不要在同一個地方，就不用擔心整群被攻擊。
牠們就是用這樣的方式生存下來，經過很長的歲月，慢慢增加數量。

攝影／滿田聰Ⓐ、植松國雄Ⓑ、廣瀨雅敏Ⓓ　影像提供／PIXTAⒸ

在約100萬種中，有大約80萬種屬於完全變態
完全變態昆蟲比不完全變態昆蟲更進化，種類更多。
甲蟲類
約37萬種
蝶蛾類
約17萬種
蚊蠅類
約15萬種
蜂類
約11萬種
加上無變態在內，總共有三種變態，其中以幼蟲與成蟲的食物和棲息地不同的「完全變態」昆蟲種類最多。
如果人類的小孩也能變成蛹，再從蛹羽化成截然不同的大人，那一定很有趣。
算了吧！大雄變成蛹一定是一直在睡。
※熟睡
不然就是從蛹羽化之後，一點都沒變。
呵啊，睡得真飽。
太過分了！
嗯，確實很過分。
但我可以想像……
攝影／植松國雄

「完全」與「不完全」有何不同？進一步了解變態

除了無變態的例外狀況，昆蟲通常分成完全變態和不完全變態。變態與昆蟲演化有何關係？此外，各成長階段又代表什麼意義？

完全變態

形狀姿態截然不同，有蛹的時期。

→甲蟲、蚊蠅、蝶蛾、蜜蜂等類群

不完全變態

沒有蛹期，幼蟲與成蟲相似。

→蜻蜓、蝗蟲、螳螂等類群

以獨角仙為解說範例

孵化

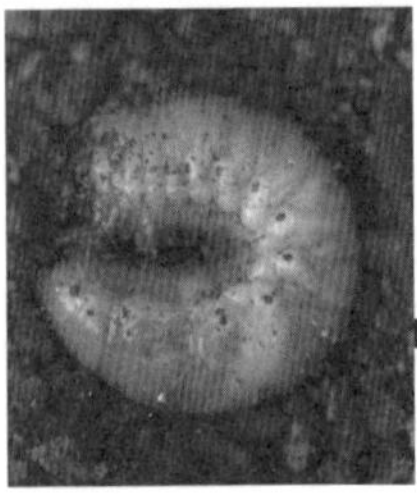

⬆幼蟲在土裡吃腐壞的落葉長大，經過3次蛻皮，結為蛹。

蛹化※

⬆結成蛹之後，雄蟲和雌蟲就能從外觀區別。

羽化

⬅成蟲展開前翅，拍動後翅飛翔。與幼蟲時代不同，成蟲舔樹液維生。

以飛蝗為解說範例

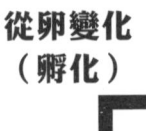

從卵變化（孵化）

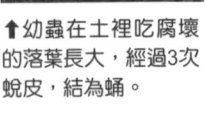

⬇就像蜻蜓的水蠆（下方照片），有些幼蟲的生活地點與成蟲不同。

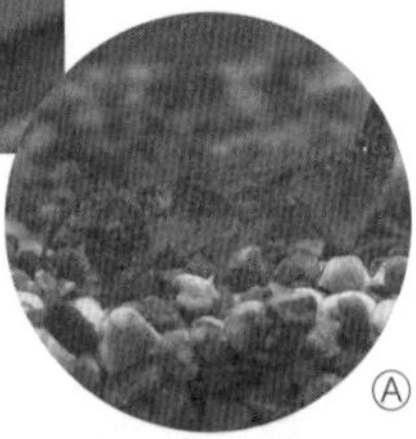

Ⓐ

蛻皮後長為成蟲（羽化）

➡幼蟲背上有類似翅膀芽的組織，長為成蟲後，就會生出完整的翅膀。

沒有翅膀的「無變態昆蟲」

石蛃屬的幼蟲與成蟲在外貌形態上沒有差異，經過多次蛻皮，長為成蟲後不會飛，可以交配和產卵。

Ⓑ

⬅以長觸角和3條尾巴為特徵。常見於日本中部地方以北，以落葉為食。

※蛹化：幼蟲結成蛹。

幼蟲、蛹與成蟲各自的職責是什麼？

在各個階段都有促進成長「該做的事」，可以提升成長效率。

幼蟲

吃多長多的時期

幼蟲拚命吃、拚命長大，長到一個程度就會蛻皮，每種昆蟲蛻皮的次數不同。

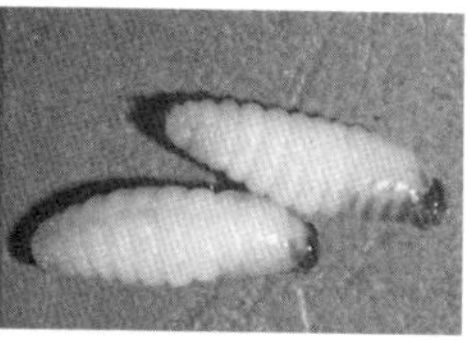

⬆蟻蛉幼蟲「蟻獅」有6隻腳。⬅狄氏大田鱉一齡幼蟲蛻皮的模樣。↗幼蟲腳的數量各有不同，右邊是黑紋長腳蜂的幼蟲，在巢裡儲存糧食，不必外出覓食，因此沒有腳。

蛹

換新身體的時期

幼蟲時代的身體先在蛹的內部呈現濃稠湯狀，重新打造成蟲的身體。

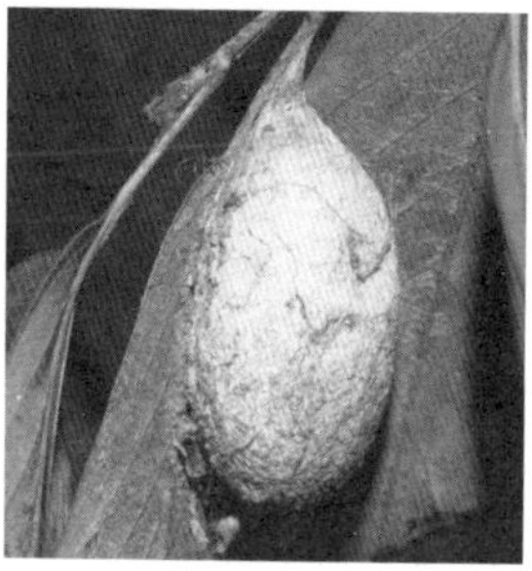

⬅有些昆蟲是像左圖中的天蠶蛾幼蟲，吐絲作繭，然後在繭裡成蛹。

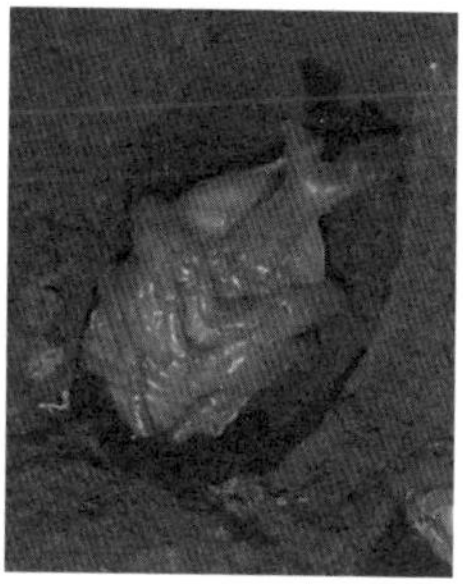

⬅有些昆蟲是像左圖中的獨角仙，會在土裡建造小小的「蛹室」，在蛹室裡成蛹。

成蟲

四處移動、繁衍後代的時期

這個時期最大的目的是交配，雌蟲產卵。由於必須四處飛翔移動，有些成蟲幾乎不吃東西。

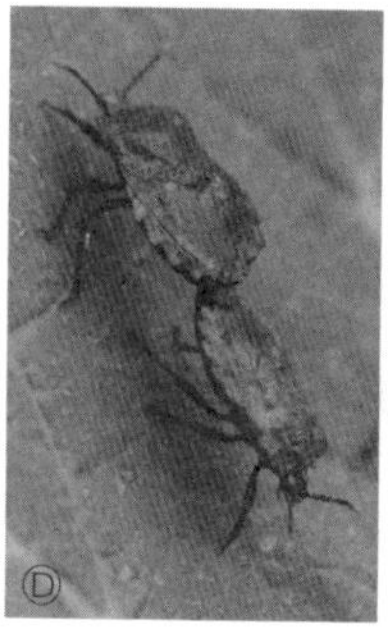

⬅這是緣蝽交配的情景。

⬇大絹斑蝶長途遷徙的習性聞名於世。

最興盛繁榮的是完全變態的昆蟲族類！

昆蟲可以說是靠變態造就興盛與繁榮。昆蟲首次出現於四億八千萬年前，過了約八千萬年後開始變態會飛，擴展生活領域。

大約三億五千萬年前，出現了有蛹時期的完全變態昆蟲。牠們棲息在各種不同地方，吃不同食物，種類越來越多。昆蟲無論在種類或是數量上，都是地球上最多的生物，而且大約八成為完全變態。

攝影／OKUYAMA HISASHI（Ⓐ～Ⓔ以外）、朝倉秀之ⒶⒸ、植松國雄Ⓓ、岡田 博Ⓔ 影像提供／photolibraryⒷ

第2章 保護自己的驚嚇戰術
地球上有超過一百萬種昆蟲，
代表世界上存在著許多有趣和令人嚇一跳的昆蟲。
有了。
石頭下方就有一隻有趣又嚇人的昆蟲。
是嗎？是哪一種？
用「放大燈」照射，觀察看看。
※照射
這隻昆蟲是屁步甲屬的三井寺步行蟲。
這隻蟲哪裡有趣又嚇人？
⬆體長11～18mm，是棲息於日本北海道到九州的甲蟲類。成蟲以動物和昆蟲屍體為食。
讓我拿出「安全保護袋」。
※照射
再把它放大一些。

攝影／柳澤靜磨

大家進去吧！只要在安全保護袋裡，無論外面發生什麼事都不用擔心。
什麼意思啊？
ぐっ
ぐっぐっ
※押、押
你們看了就知道了。
※噴出
哇！
牠放屁嗎？
沒錯！當牠感到生命有危險，就會從屁股釋放出很臭的氣體。
モア
モア
※飄散
而且不只臭，氣體溫度還高達大約攝氏一百度。
一百度！
三井寺步行蟲的身體
A
B
高溫臭氣
體內有兩個囊袋，儲存液體A與B，遭受攻擊時會同時噴出。A與B反應後，會形成高溫臭氣，噴出體外。
氣體如果噴到眼睛裡，後果將不堪設想。
所以才要我們在安全保護袋裡觀察。

利用毒素和化學物質保護自己！

會利用毒素和化學物質對抗敵人的昆蟲不只三井寺步行蟲！有些昆蟲使用的物質會對人類造成傷害，各位遇到昆蟲時，千萬不要隨便觸摸。

以毒針刺敵人

有些蜜蜂和螞蟻會用毒針，將毒素注入敵人體內。由於毒針是由產卵管變化而成，因此只有雌蟲有毒針。

Ⓐ

鋸針蟻

噴射毒液

山蟻亞科的昆蟲沒有毒針，而是如右圖那樣，將腹部前方朝向敵人，釋放毒液。

➡毒液接觸到人類肌膚，可能造成紅腫，千萬不可輕忽。

山蟻的一種

從體內噴出毒液

芫青科昆蟲只要被摸就會裝死，從腿部關節噴出黃色體液（下方照片）。毒性很強，接觸皮膚就會形成燙傷般的水泡，務必注意。

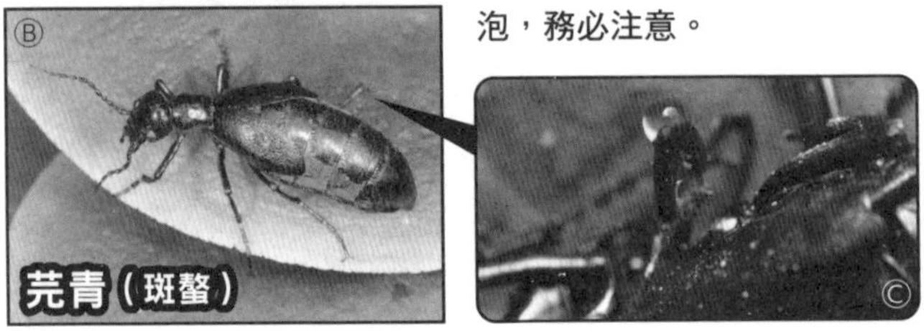

Ⓑ 芫青（斑蝥） Ⓒ

植物毒性累積在體內

大白斑蝶的幼蟲會將植物的毒性累積在體內，即使長大後變為成蟲，也無須擔心鳥類天敵的侵襲。

Ⓓ 大白斑蝶

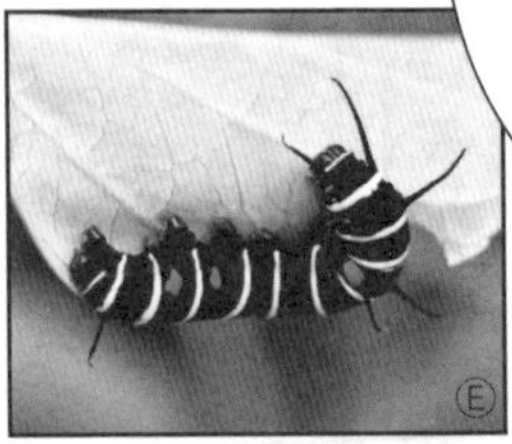

Ⓔ

⬆大白斑蝶的幼蟲吃有毒的爬森藤葉子，常見於日本琉球群島，身體為顯眼的黑色與黃色，向外界宣示「我身上有毒」。

各位如果碰到芫青的毒液，請務必立刻用水沖洗！

攝影／島田拓Ⓐ、滿田聰Ⓓ　影像提供／PIXTAⒷⒺ、photolibraryⒸ

※嘔吐

昆蟲的體型很小，所以想出各種方法保護自己。
オエエエ
三井寺步行蟲就是利用化學物質擊退敵人的類型。
➚研究顯示，即使被青蛙吞下肚，約有四成的三井寺步行蟲能在青蛙肚子釋放氣體，讓青蛙將自己吐出來。
真的是有趣又嚇人的昆蟲呢！
咦？
……好像有什麼味道？
奇怪，明明在「安全保護袋」裡。
那個……我聽到一百度時嚇了一跳，忍不住就……可能是我出門前在家吃了烤番薯。
好臭，臭死了！你不要鬧了啦！
你說什麼！
沒想到在「安全保護袋」裡也會遭遇險境……

不單只是「保護自己」！另類的用毒高手

讓獵物無法動彈，將敵人像殭屍一樣操控。將毒當成結婚禮物送給新娘？不只能保護自己，還能設陷阱達成目的！一起來看看這些用毒高手吧！

「麻醉」獵物保持新鮮

泥壺蜂為了幼蟲做巢，用針刺入活著的獵物體內，使其麻醉，再運入巢內，供幼蟲成長食用。

泥壺蜂

⬆將麻醉的蛾幼蟲拖進地底的巢，產下一顆卵。產卵後堵住巢的入口。

胡蜂

幼蟲

⬅以濃稠唾液製成壺型巢，在巢裡產下一顆卵，再塞滿麻醉過的蛾幼蟲，等幼蟲孵化出來就有東西吃。

以毒氣癱瘓對方再吃掉

棲息在北美的毛蛉屬於脈翅目昆蟲，幼蟲時代在白蟻巢中度過，吃白蟻長大。進食前噴出毒氣癱瘓白蟻，再抓來吃。

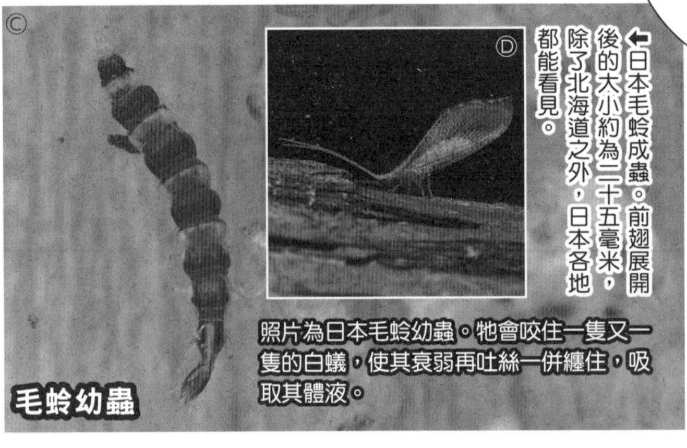
毛蛉幼蟲

⬅日本毛蛉成蟲。前翅展開後的大小約為二十五毫米，除了北海道之外，日本各地都能看見。

照片為日本毛蛉幼蟲。牠會咬住一隻又一隻的白蟻，使其衰弱再吐絲一併纏住，吸取其體液。

日本的
毛蛉攻擊
敵人的方法
不是毒氣喔！

用毒操控對方

即使面臨的敵手比自己大，昆蟲也能施毒操控對方。看到敵人被昆蟲操控的模樣，簡直就像殭屍。

長背泥蜂

⬆蟑螂被注入毒液後，乖乖跟著長背泥蜂回到巢裡，讓長背泥蜂在牠身上產卵。幼蟲孵出之後，就會把活著的蟑螂吃掉。

⬇這是寄生在瓢蟲身上的蜂，用腹部的毒針刺入瓢蟲後，在對方的體內產卵。繭蜂幼蟲以瓢蟲的體內組織為食，在其體內成長。不過，令人驚悚的事情還在後頭……

瓢蟲繭蜂

⬅繭蜂幼蟲在吃光對方身體後，就會到對方體外作繭。被毒控制的瓢蟲就這樣成為幼蟲的守護神，直到幼蟲羽化為成蟲。

累積毒素送給雌蟲當禮物

赤翅螢的雄蟲吃下芫青後，將其毒素累積在體內，再將毒素送給雌蟲交配。雌蟲會產下有毒的卵，讓外敵不敢吃卵。

赤翅螢

⬆簡單來說，雄蟲送的毒是雌蟲用來保護重要的卵的禮物。

⬇英文的暱稱是「blister beetle」，意思是水泡蟲，因為接觸其分泌的毒液會起水泡（blister）。請參照第28頁了解其毒性。

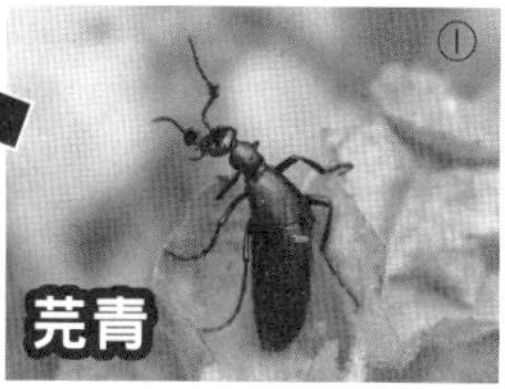

芫青

在之前頁面介紹過的昆蟲中，最令人驚恐的應該是那些懂得用毒操控對方的種類。

不過，棲息於日本本州和九州的蚤蠅，是一種寄生在螞蟻身上的小蠅。恐怖程度卻不輸給用毒操控對方的昆蟲。

蚤蠅在螞蟻體內產卵，幼蟲孵化後就會吃螞蟻的身體長大。接著將螞蟻的頭切斷，從該處出來結蛹。光是這樣就已經讓人毛骨悚然，不過，在切斷螞蟻的頭之前，蚤蠅還會先讓螞蟻來到適合幼蟲羽化的地方。做到這一步，真是令人瞠目結舌。

事實上，蚤蠅是利用化學物質來操控螞蟻。雖然說這是為了讓物種存活下來的手段，但對人類來說，還是十分震驚。

攝影／田仲義弘Ⓑ、小松貴ⒸⒹ、森上信夫ⒻⒼ 影像提供／PIXTAⒶⒽⒾ、一般財團法人町田環保生活推進公社／加藤貴一Ⓔ

※嗡嗡嗡
話說回來，一百度的高溫氣體真是恐怖。
昆蟲小歸小，真是不能輕忽。
好，我也要來找更驚人的昆蟲。
ガサガサ
ガサガサ
※嗡嗡嗡
有蜜蜂！
那也是有毒的昆蟲嗎？
如果是胡蜂就糟了，胡蜂的毒性很強。
哆啦A夢，你能想想辦法嗎？
※定格、喀嚓
我來用「暫停碼錶」暫停時間吧！
ピタ
カチ
停下來了。
咦？

胡蜂是長這樣的嗎？
※咦？
那不是「胡蜂」，是「蛾」。
え—!?
看起來明明是帶著黃色與黑色橫紋的胡蜂。
這隻蛾模仿了胡蜂的外形喔。
透翅蛾
常見於日本的本州與九州，有著透明翅膀的蛾。前翅展開後的大小約為35mm。幼蟲吃麻櫟樹等樹皮下方的組織。外形近似大黃蜂。
Ⓐ
➡這隻是「真正」的大黃蜂（參照112頁）。雖然體型很小，但個性暴躁，具有攻擊性。
Ⓑ

影像提供／立川生物數據庫Ⓐ、NPO Sarobetsu Eco NetworkⒷ

食蚜蠅類

以花蜜和花粉為食，沒有刺，也無毒。

Ⓐ

迷蚜蠅

體長20～22mm，棲息在日本北海道到九州。外形近似胡蜂與長腳蜂，被抓到時會捲曲身體，做出刺的動作。

胡蜂的黃色
與黑色橫紋是
「警戒色」，
向外界宣告
「我身上有毒」。

黃道蚜蠅

體長11～16mm，棲息在日本北海道到琉球群島。黃道蚜蠅的外形近似木蜂，但木蜂的毛較茂密。

Ⓑ

不只是
迷蚜蠅，
還有許多昆蟲
也會模仿胡蜂的
警戒色。

天牛類昆蟲

以黃色與黑色橫紋的前翅向外界警示！

Ⓒ

虎天牛

體長17～26mm，棲息於日本北海道到琉球群島之間。這種天牛的觸角較短，很容易被誤認為胡蜂。

Ⓓ

花天牛

體長13～21mm，棲息於日本北海道到琉球群島。成蟲吃花蜜和花粉。胸部比虎天牛細，可藉此區分。

還有其他昆蟲，模仿蜂類以外的有毒昆蟲。
大絹斑蝶
真品
仿冒品
斑鳳蝶（右圖）的外形近似體內有毒的大絹斑蝶（左圖），連飛行方式也很像。
瓢蟲
真品
仿冒品
瓢蟲會從身體噴出臭液（請參照第45頁），讓鳥類不敢襲擊。由於這個緣故，許多昆蟲像雙帶廣螢金花蟲（右圖）一樣，身上帶有紅色與黑色圖案。
螢火蟲
真品
仿冒品
螢火蟲大多是全身漆黑，前胸帶紅，體內有毒。右圖的螢天牛、玉帶斑蛾等昆蟲，都模仿此配色。

牠們身上沒有毒，也沒有化學物質。
只是假裝身上有毒，藉此保護自己。

大家一定都沒想到，其他昆蟲會討厭瓢蟲和螢火蟲。
一提起警戒色，大家一定會想到蜜蜂的黃色與黑色橫紋。
事實上，紅色與黑色也是讓動物食慾全消的配色。

攝影／岡田博Ⓔ、杉坂美典Ⓕ、朝倉秀之ⒼⒾ、OKUYAMA HISASHIⒽ
影像提供／千葉縣立中央博物館Ⓐ、一般財團法人町田環保生活推進公社／加藤貴一Ⓑ、PIXTAⒸⒹⒿ

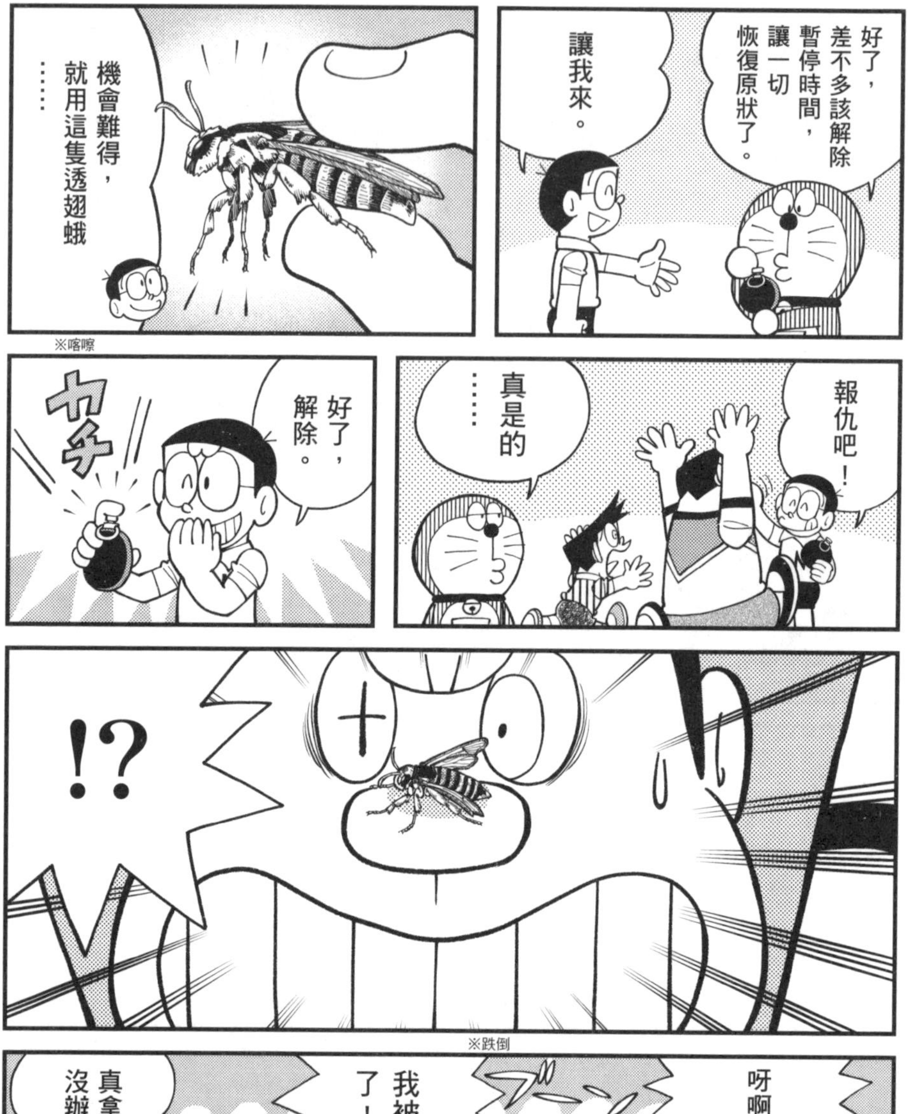
好了，差不多該解除暫停時間，讓一切恢復原狀了。
讓我來。
機會難得，就用這隻透翅蛾……
※喀嚓
報仇吧！
真是的……
カチ
好了，解除。
!?
※跌倒
呀啊！
我被螫了！
真拿他們沒辦法。

昆蟲捉迷藏大賽～問題篇

昆蟲界潛藏著模擬周遭景色，利用外表躲避敵人侵襲的「忍者」。一起來見證出神入化的「隱身術」吧！答案請見第42～43頁。

問題1
Ⓐ

咦？哦？
莫非是這個……

提示在這裡！

問題1 難度★★★

施展隱身術的蝗蟲！

問題2 難度★★★★★

仔細觀察樹枝！

問題3 難度★★★★

照片中央有蹊蹺？

問題4 難度★★★

這片葉子怪怪的呢……

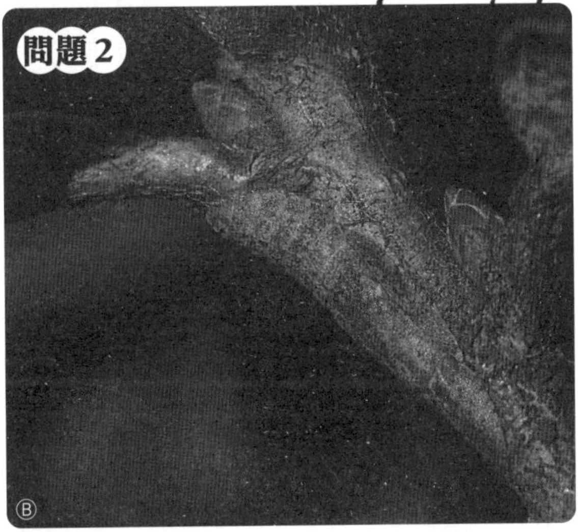
問題2
Ⓑ

問題4
Ⓒ

問題3
Ⓓ

影像提供／PIXTA ⒶⒸⒹ、小粥隆弘Ⓑ

※出拳
ボカ
真不敢相信那隻昆蟲不是蜜蜂。
想到我就這麼被騙，真是不甘心！
※騷動
フアアア
!?
剛剛發生什麼事？
啊！是這隻昆蟲吧？
昆蟲？在哪裡？
你看，在那裡。
哪裡？這明明是樹枝……
チョン
※飛走
哇！怎麼回事？
ヒラヒラ
※碰
這樹枝其實是蝴蝶嗎？

這隻蛾的名字是頂斑圓掌舟蛾。
好神奇啊！頭部和翅膀的部分，
看起來真的很像斷掉的樹枝。
Ⓐ

⬆常見於日本北海道到九州。幼蟲吃枹櫟和麻櫟的葉子，結蛹過冬。

➡展開前翅的大小約為60mm，看似斷枝剖面的部分是前翅前端。

完全融入景色之中

利用褐色的體色，混入枯葉中隱身的蝗蟲類昆蟲。也有些蝗蟲的體色是綠色，不過，幼蟲時期的體色都是綠色。

偽裝成敵人不吃的東西

看起來像植物的刺！這是棲息於中美與南美的一種角蟬。屬於椿象類，比起蟬，更接近肖耳葉蟬（請參照第42頁）。

中華劍角蝗
Ⓑ

棘角蟬的同類
Ⓒ

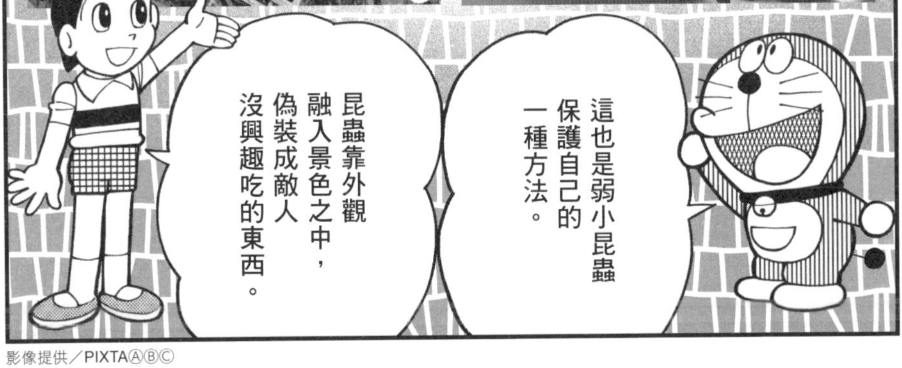
這也是弱小昆蟲保護自己的一種方法。
昆蟲靠外觀融入景色之中，偽裝成敵人沒興趣吃的東西。

影像提供／PIXTAⒶⒷⒸ

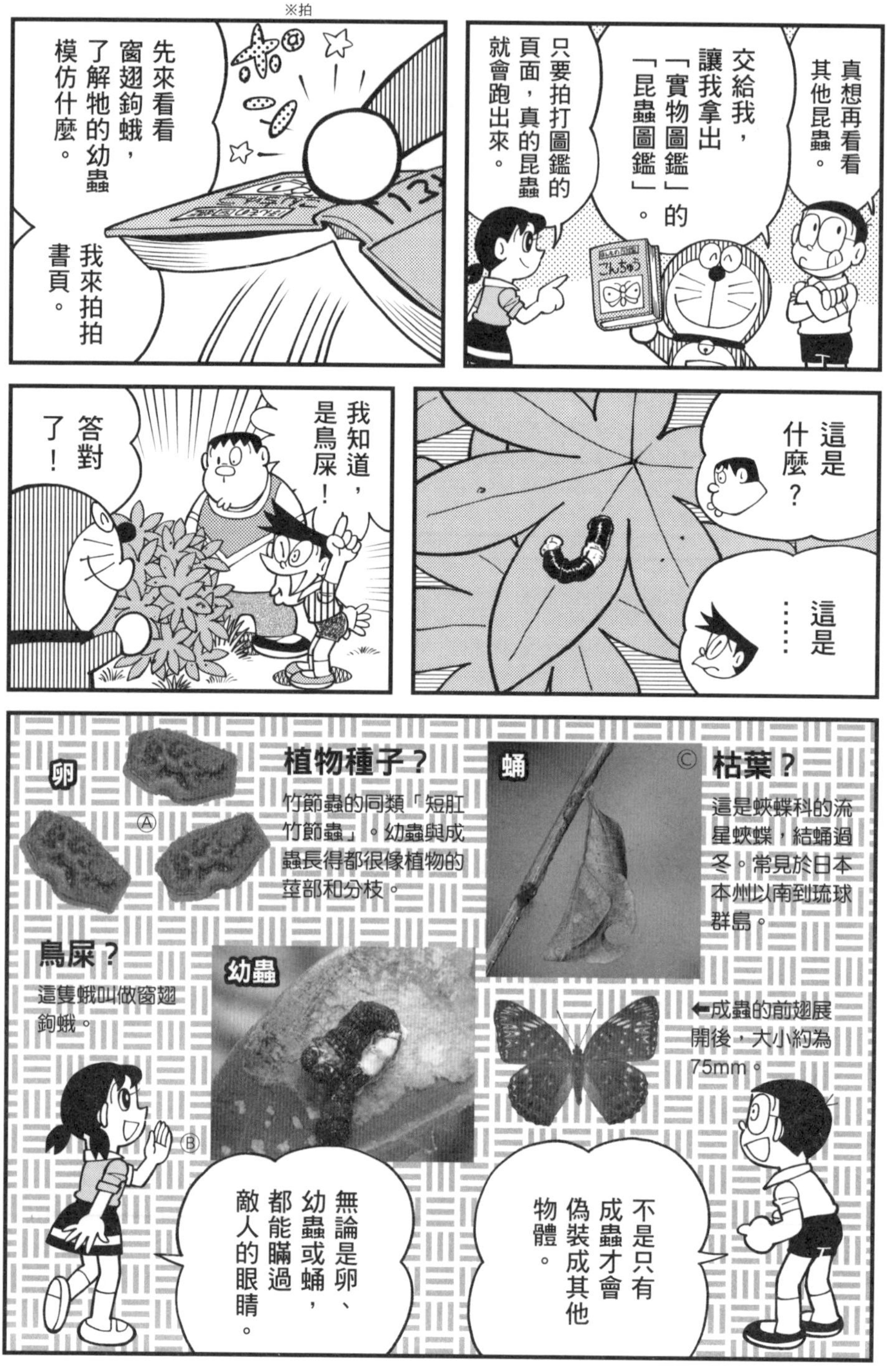
真想再看看其他昆蟲。
交給我，讓我拿出「實物圖鑑」的「昆蟲圖鑑」。
只要拍打圖鑑的頁面，真的昆蟲就會跑出來。
※拍
先來看看窗翅鉤蛾，了解牠的幼蟲模仿什麼。
我來拍拍書頁。
這是什麼？
這是……
我知道，是鳥屎！
答對了！
卵
Ⓐ
植物種子？
竹節蟲的同類「短肛竹節蟲」。幼蟲與成蟲長得都很像植物的莖部和分枝。
蛹
Ⓒ
枯葉？
這是蛺蝶科的流星蛺蝶，結蛹過冬。常見於日本本州以南到琉球群島。
鳥屎？
這隻蛾叫做窗翅鉤蛾。
幼蟲
Ⓑ
←成蟲的前翅展開後，大小約為75mm。
不是只有成蟲才會偽裝成其他物體。
無論是卵、幼蟲或蛹，都能瞞過敵人的眼睛。

不僅如此，還有手段更高級的「偽裝高手」。
連味道也能模仿！
白頂突峰尺蛾
這是尺蛾幼蟲的一種（尺蠖），在結蛹之前，體長約為80mm。外觀近似樹枝，就連體表的味道也很接近自己吃的植物。由於這個緣故，經過植物的螞蟻不會察覺，可以保護自己。
Ⓓ
將自己的排泄物抹在身上，假裝是糞便
糞金花蟲
甲蟲的一種，照片是用糞便做成膠囊，套在身上生活的幼蟲。幼蟲從卵孵化出來後就包在糞便裡，再用自己後來排出的糞便繼續加料。
Ⓔ
差不多該將放出來的昆蟲，收回圖鑑裡……
哎呀！
糟了！
每隻昆蟲都很會躲，只要稍不注意就找不到了。
不知道跑到哪裡去了。
都要怪哆啦A夢粗心大意，把昆蟲全放出來了。

攝影／歲清勝晴Ⓐ　影像提供／小粥隆弘Ⓑ、PIXTAⒸ、新潟市水族館瑪淋匹亞日本海Ⓓ、photolibraryⒺ

昆蟲捉迷藏大賽～解答篇

比頂斑圓掌舟蛾與窗翅鉤蛾更厲害的捉迷藏王者向各位下的戰書，你答對了幾題？不要錯過以下兩個追加題。

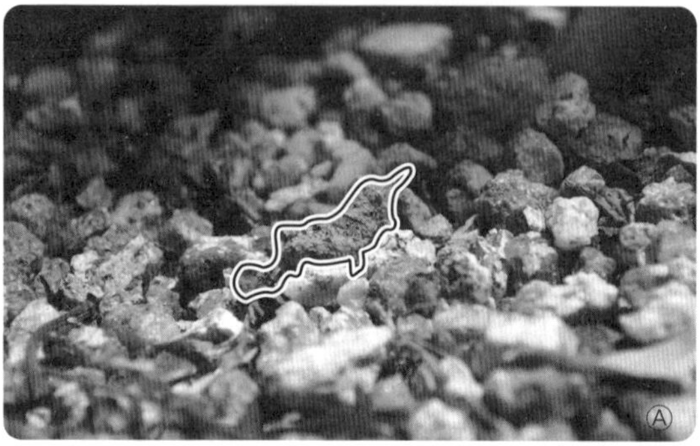

第37頁問題1的答案

與石頭完美融合

日本菱蝗

棲息於日本各地的草地地表，全長約10mm的小蝗蟲類。顧名思義，身體呈菱形。由於體表顏色的關係，很難在石礫地或沙地分辨其身影。

與樹皮融為一體

肖耳葉蟬的幼蟲

身體扁平，緊貼在樹枝上過冬。肖耳葉蟬屬於椿象類，體長9～13mm，利用針狀口器吸取樹液。常見於日本本州、四國和九州。

第37頁問題2的答案

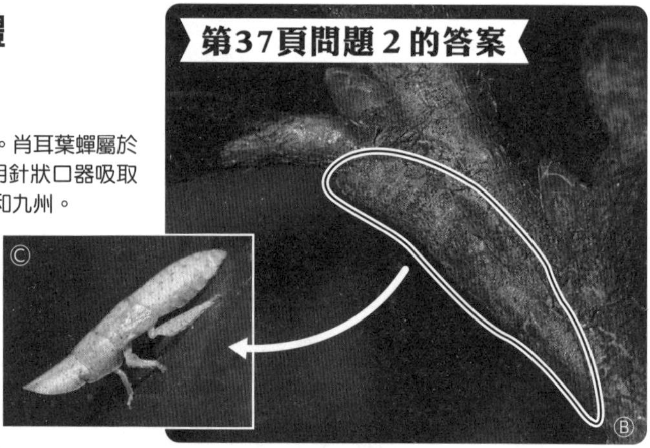

第四十五頁
也會介紹
銀灰蝶喔！

柿癬皮瘤蛾的一種

這也是模仿樹皮的蛾，常見於本州以南。前翅展開的大小約為40mm，沒有提示應該也看得出來吧？

答案在這裡！

第37頁問題3的答案

偽裝成枯葉

森林暮眼蝶

前翅展開後的大小為60～80mm，常見於日本關東地方以西到九州一帶。

➡不只是森林暮眼蝶，蝴蝶靜止時都是闔上翅膀，因此翅膀背面的圖案通常近似於自然界景物。這是因為靜止時比飛行時更容易受到攻擊，才用這個方法保護自己。

第37頁問題4的答案

偽裝成葉子

紅斑脈蛺蝶的幼蟲

正在吃朴樹嫩葉的蝴蝶幼蟲偽裝成葉子，這原本是廣泛棲息在東亞的特定外來生物，但從20世紀末之後，經常可在關東地方看見其身影。

➡前翅展開的大小約為八十毫米，名字來自於後翅的紅斑圖案。

只看到題目中的花看不見昆蟲？

銀灰蝶的幼蟲

⬆這張也沒有提示。請參考45頁照片，只要以尾部的2個「角」為線索，應該就能輕鬆找到。

在封底題目中出現的青尺蛾，也是高手級的忍者。牠不只外表看起來像是樹芽，還會配合春天樹芽從褐色到綠色的轉變，自己跟著蛻皮，改變外貌。各位如果在春天發現枹櫟，不妨試著找找看哦！

影像提供／PIXTAⒶⒸⒺⒻ、小粥隆弘Ⓑ、NPO法人GREEN CITY福岡（攝於福岡市金武之里公園）Ⓓ、神奈川縣立愛川公園Ⓖ

利用「虛張聲勢」、「裝死」躲過危機！

昆蟲沒有強力武器，除了融入周遭環境外，還有不少昆蟲會以威嚇、裝死等招數，躲過敵人攻擊。

以眼睛圖案威嚇敵人

貓頭鷹蝶（下圖）的翅膀上，有模仿捕食敵人的鳥類或肉食動物的眼睛圖案，以此威嚇敵人。

貓頭鷹蝶

目天蛾

有別於貓頭鷹蝶，目天蛾必須展開翅膀才看得見眼睛圖案，威嚇效果更大。

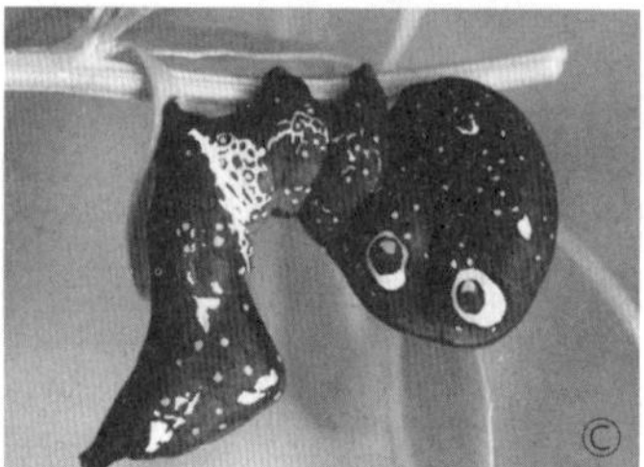

枯落葉裳蛾的幼蟲

此蛾的幼蟲只要被觸摸，就會抬起有眼睛圖案的部分，威嚇對方。應該是在模仿蛇吧？

牠們無法飛走逃命，只好用這些方法保護自己。

這兩頁介紹的昆蟲之間有幾個共通之處，牠們不僅沒有強力的武器，也不會快速的飛翔或是移動。人類其實很難目擊昆蟲威嚇或是欺騙敵人的場景，但牠們能夠倖存至今，代表這些生存技能發揮了一定效果。

出聲恫嚇

白條天牛感到危險時，會活動胸部背面的板狀物，發出吱吱聲，恫嚇敵人。

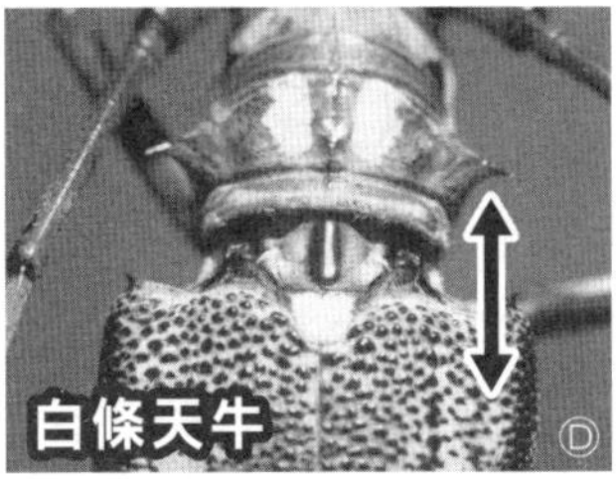

以姿勢威嚇敵人

台灣大刀螳想要威嚇敵人時，會展開後翅，前肢往外張開，讓身體變大一點。

苧麻夜蛾的幼蟲

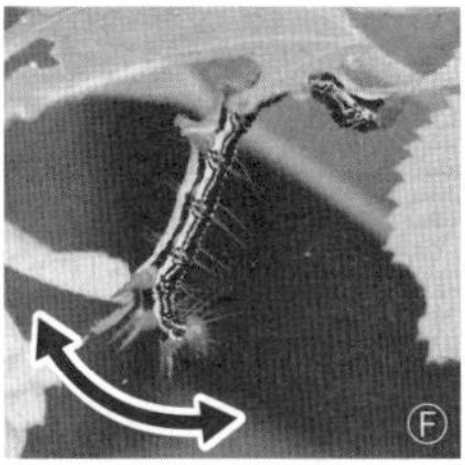

這種蛾的幼蟲遇到敵人接近時，會弓起身體，劇烈晃動，藉此嚇走對方。

裝死

大多數捕食類動物只抓會動的獵物，因此許多昆蟲利用這一點，突然靜止不動，讓對方失去興趣。

叩頭蟲

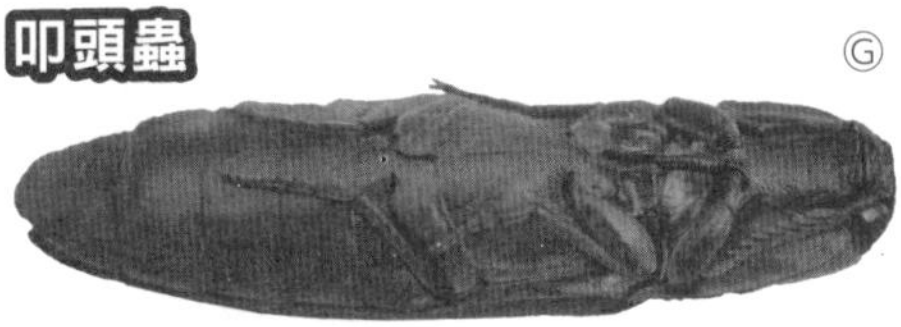

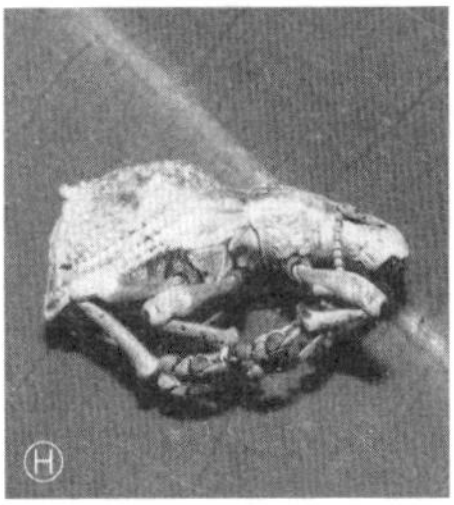

象鼻蟲

這種昆蟲受到刺激時會縮起腳，緊貼著身體，一動也不動。過了一段時間才會恢復活動。

七星瓢蟲

七星瓢蟲被碰觸到時，不只會翻身不動，腳關節還會噴出黃色臭液，讓鳥類等天敵倒胃口。

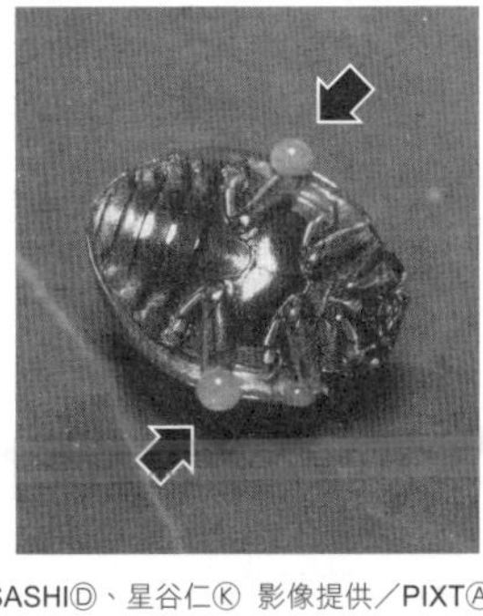

伸出角嚇敵人

鳳蝶的幼蟲在遇到敵人時，會伸出2隻角威嚇。角散發出與牠們吃下的柚子葉或山椒葉類似的味道。

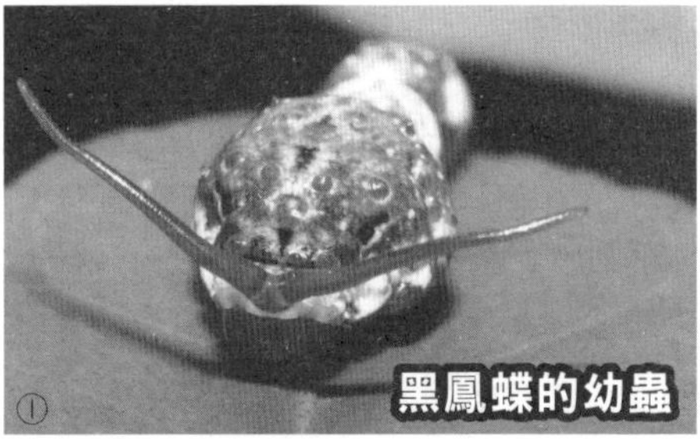

銀灰蝶的幼蟲

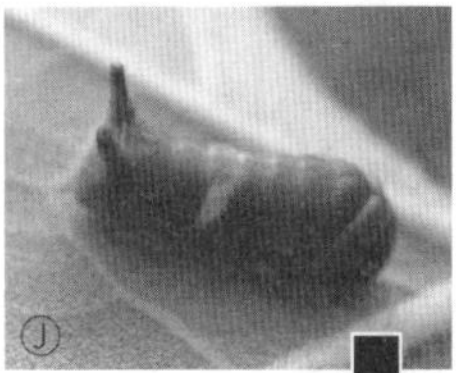

咦？
煙火？

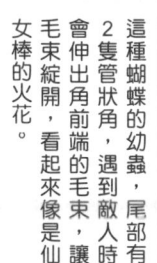

這種蝴蝶的幼蟲，尾部有2隻管狀角，遇到敵人時會伸出角前端的毛束，讓毛束綻開，看起來像是仙女棒的火花。

攝影／OKUYAMA HISASHIⒹ、星谷仁Ⓚ 影像提供／PIXTⒶⒸⒺⒻⒽⒾ、photolibraryⒷⒼ、神奈川縣立愛川公園Ⓙ

第3章 繁衍後代的奇妙祕訣！

這個燈打開後四周會變暗。
明明是白天，四周卻像黑夜。
安全營火是冷的，好涼啊！
※輕飄飄
啊，有蝴蝶？
➡常見於日本北海道到九州，前翅展開的大小約為100mm的大型蛾類。
這隻是長尾水青蛾。
哇，又白又美。
這是夜行性的蛾，可能是受到營火的吸引才會飛過來。
這隻是雄蛾。
你怎麼知道？
讓我用「放大液」，讓大家看看。
※塗抹

哇！變大了！
只要塗上「放大液」，就能讓物體變大喔！
※丟
你們看。這個櫛齒狀觸角是雄蛾的身體特徵之一。
雄蛾利用觸角接收雌蛾散發的費洛蒙。
「櫛齒」的祕密
每一根櫛齒都長滿感覺毛。
感覺毛可以感受並接收微小到肉眼看不見、由雌蛾散發的費洛蒙（請參照左頁）。
你剛說接收什麼蒙？
ポイ
是費洛蒙。

費洛蒙是身體釋放的化學物質，當雌蛾想要雄蛾接近，就會散發出來。
雌蛾
雄蛾
雄蛾到處飛翔，尋找雌蛾散發的費洛蒙
雌蛾羽化後會立刻從腹部前端散發費洛蒙，雄蛾為了接收費洛蒙，會在夜晚四處飛翔。
這麼說的話，這隻雄蛾是在尋找雌蛾囉？
雄蛾的觸角之所以這麼大，就是為了感受空氣中十分細微的費洛蒙。
原來這就是雄蛾觸角比雌蛾大的原因啊。
昆蟲的眼睛和人類的不一樣，有些還會利用費洛蒙製造彼此相遇的機會。
雄蛾的觸角
雌蛾的觸角
當雄蛾找到雌蛾，就會開始交配，雌蛾在交配後就會產卵。
←歡喜相會的雄蛾與雌蛾，將彼此的腹部前端交會在一起，完成交配。雌蛾會在第二天晚上產卵。
昆蟲和人類不同，要花一番功夫才能找到對方。

影像提供／PIXTA

你剛剛說
除了「各種保護自己的方法」，
還有其他原因讓昆蟲生生不息。
這個原因莫非就是……
沒錯。
就是昆蟲為了繁衍後代，
會花費各種心思，達到目的。
※四處張望
咦？
キョロ
キョロ
長尾水青蛾呢？
哇啊！有妖怪！巨蛾妖怪！
這是新種昆蟲！
別害怕，牠只是看起來比較大隻而已！
你這麼說也不會有人相信啊……
得趕快通知博物館才行！

利用費洛蒙「發出通知」、「釋放訊息」

除了第46～50頁介紹的交配和求愛目的之外，費洛蒙還有其他作用。昆蟲雖然不會說話，但是可以透過費洛蒙進行溝通。

告知同伴食物在哪裡 追蹤費洛蒙

例如螞蟻

如①～③所示，螞蟻會在連結食物和巢的路徑留下費洛蒙，一旦找到食物，同伴就能出動。

①回巢時釋放費洛蒙

食物
巢穴

從腹部釋放費洛蒙留在路上

找到食物的螞蟻會一邊釋出費洛蒙、一邊回家。

②費洛蒙吸引同伴聚集

食物？
出發！

螞蟻的其他同伴，對①釋出的費洛蒙產生反應，聚集在食物處。

③同伴也在歸途留下費洛蒙

②的螞蟻也會留下費洛蒙，吸引更多同伴聚集。

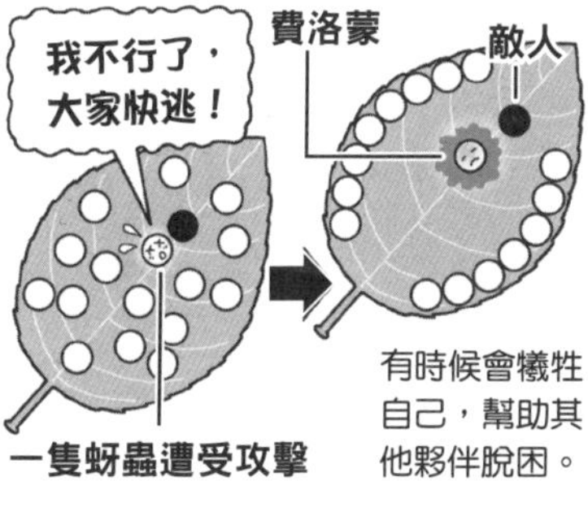

我不行了，大家快逃！
費洛蒙
敵人
一隻蚜蟲遭受攻擊

有時候會犧牲自己，幫助其他夥伴脫困。

提醒同伴有敵人出現 警報費洛蒙

例如蚜蟲

有一種蚜蟲只要團體裡的一隻同伴遭受攻擊，就會從腹部釋放費洛蒙。其他蚜蟲感應到費洛蒙，就會四處逃散，避免敵人攻擊。

眾所周知，椿象是集體過冬的昆蟲。

召喚夥伴齊聚 聚集費洛蒙

例如椿象

右邊照片為大盾背椿象。他們會在溫暖的海岸邊，聚集在葉片背面過冬。從胸部釋放費洛蒙，吸引彼此聚集。

➡常見於日本本州南部以南。幼蟲會吸取梔子花和苦楝樹的果實汁液，屬於害蟲。

影像提供／PIXTA

※蟲鳴聲
コロコロリー
コロコロリー
有蟲叫聲。
現在天色暗了，昆蟲就開始鳴叫。
※蟲鳴聲
這是名為黃臉油葫蘆的蟋蟀。
體長25～30mm。棲息於日本北海道到九州的田地和草原，是最常見的一種蟋蟀。屬於雜食性，雌蟲將卵產於土中，以此狀態過冬。
Ⓐ
コロコロリー
昆蟲的鳴叫聲與費洛蒙一樣也是求偶的方法之一。
雌蟋蟀
雄蟋蟀
Ⓑ
↑雌蟋蟀的腹部有一條產卵用的長管子（箭頭處），一眼就能認清雌雄。
雄性黃臉油葫蘆會發出叫聲，吸引雌蟲。
牠們是如何發出叫聲呢？
蟋蟀和螽斯的雄蟲會摩擦2片前翅，發出聲音。
→這是上方翅膀背面的電子顯微鏡照片，可看見有許多小板子排列。
Ⓒ
←震動翅膀發出聲音。1～2個月大的成蟲會設法找到另一半，留下後代。
Ⓓ
上方翅膀背面有類似銼刀的結構，將其與下方翅膀表面的突出部位摩擦，就能發出聲音。

影像提供／PIXTAⒶⒷ、阿達直樹Ⓒ　攝影／OKUYAMA HISASHIⒹ

※蟲鳴聲
咦？跟剛剛的蟲叫聲不同。
コロコロ
這裡也有。
應該是有不同的蟲在叫。
不，這些都是黃臉油葫蘆的叫聲。
什麼？
牠們都在草叢中，
就用「透視眼鏡」觀察吧！
獨自鳴叫
雌蟲向雄蟲宣示「我在這裡」的叫聲。
聽到「咕嚕咕嚕」的叫聲，代表雌蟲就在附近。
爭奪鳴叫
短促的高頻聲代表兩隻雄蟲吵架的聲音。
「唧唧唧」的叫聲代表兩隻雄蟲互相爭吵的聲音。
邀約鳴叫
翅膀輕柔振動，代表雌蟲邀約雄蟲交配。
「咕嚕哩」的溫柔聲響，是雄蟲向雌蟲求婚的誓言。

攝影／OKUYAMA HISASHIⒷ、廣瀨雅敏Ⓒ　影像提供／相模川交流科學館 相模原水族館Ⓐ

※法布爾：19～20世紀法國博物學者，撰寫的《昆蟲記》十分有名。

※喔嘿～
一切如我所料。
怎麼樣？蟬都感動到不叫了。
蟬應該是昏倒了吧……
不過，沒想到胖虎的歌聲竟然能超越大砲聲……
算是新發現……

戀愛的訊號！螢火蟲之光

蟬以「聲音」求愛，相較於此，螢火蟲則是用「光」的代表。不過，各位知道雄螢與雌螢的發光方式不同，而且大多數成蟲不發光嗎？

螢火蟲的結婚過程解析

在日本，會發光的成蟲包括有源氏螢、紅胸水螢、姬螢。這些都是如右圖所示，雄螢與雌螢的發光方式不同。

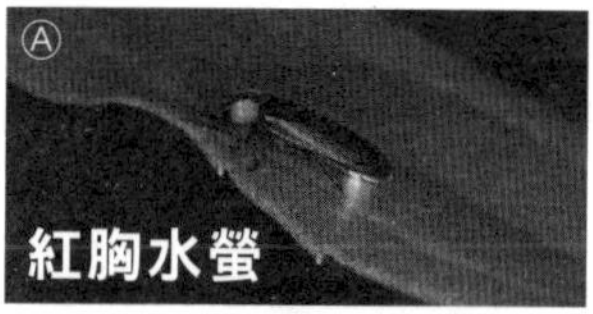

Ⓐ
紅胸水螢

⬅紅胸水螢的幼蟲棲息在水田裡，以椎實螺※為食物。到了該成蛹時會上陸，在土裡做蛹。

①雄螢以閃爍光點強調自己

雄螢
我在這裡唷♥
雌螢
雌螢的光不會閃爍，僅以穩定的微弱光線顯示自己的位置。

➡成蟲發光的螢火蟲以腹部的發光器發光。以右邊的源氏螢為例，雄螢的發光器比雌螢大。

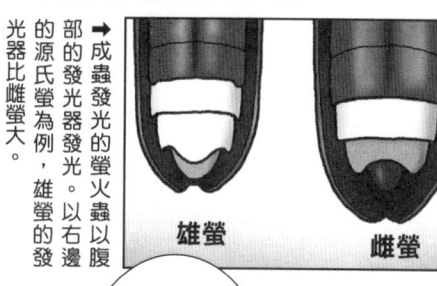

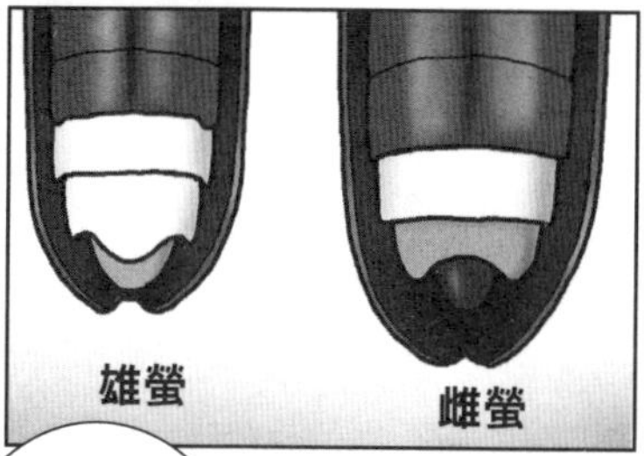

雄螢
雌螢

②雌螢只要發出一次強光就確定結婚

請多多指教♥
雄螢
ピカッ
雌螢

※發光

原來是以光代替言語啊！

卵與幼蟲都會發光？

源氏螢、紅胸水螢、姬螢都是從卵到成蟲階段會發光的螢火蟲，成蟲時期的光更亮。

➡姬螢在幼蟲時期就到陸地生活，以鱉甲蝸牛等陸生貝類為食。

姬螢的幼蟲

©kuribayashi satoshi /Nature Production/amanaimages

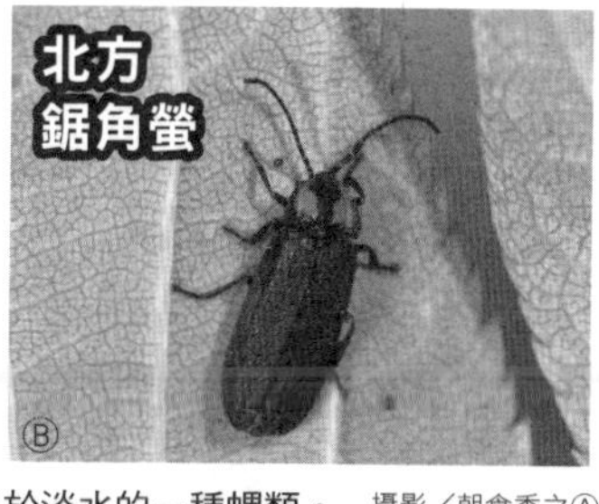

北方鋸角螢
Ⓑ

有些螢火蟲不發光？

日本有一些螢火蟲就像左圖的北方鋸角螢，雖然幼蟲和蛹會發光，但成蟲不會發光。事實上，這類螢火蟲占的比例較高，而且是在白天活動。是不是顛覆了各位對螢火蟲的印象呢？

※椎實螺：棲息於淡水的一種螺類。　攝影／朝倉秀之Ⓐ　影像提供／PIXTAⒷ

真的嗎？發光方式竟也有「方言」？

不只是性別，不同種類和地區的螢火蟲，發光方式各有不同。

發光方式因種類而異

由於發光方式的週期不同，不同種類的雄螢和雌螢不會不小心碰在一起。

源氏螢

亮度比紅胸水螢強，單次發光的時間較長。

4秒發光一次

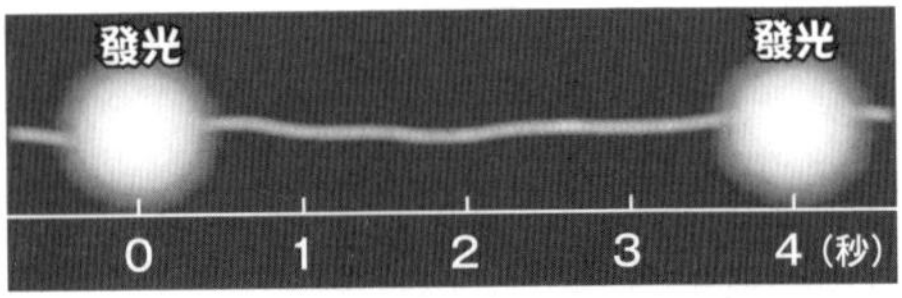

發光
發光
0 1 2 3 4（秒）

⬆當雄性源氏螢四處飛翔尋找雌螢時，就會以上述方式發光。找到雌螢後，就會像相機的閃光燈般，閃出連續強光。而且雄螢會重複多次連續閃光，可說是令人炫目的求婚儀式啊！

紅胸水螢

發光時間比源氏螢短，急促閃爍。

急促閃爍

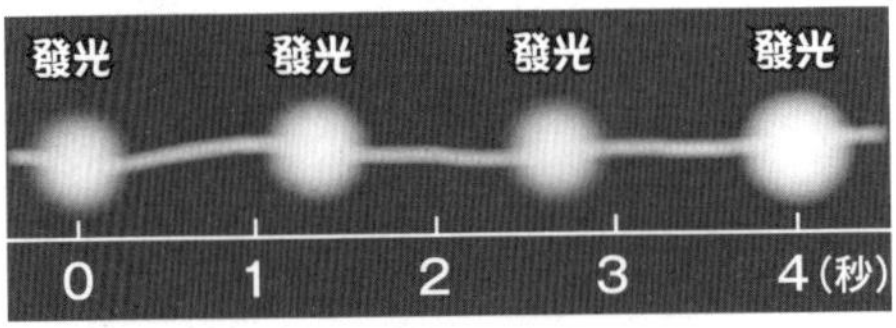

發光
發光
發光
發光
0 1 2 3 4（秒）

不同地區的源氏螢有不同的發光方式

若把發光方式比喻成螢火蟲說的話，有些地方還有如右圖所示的「方言」呢！

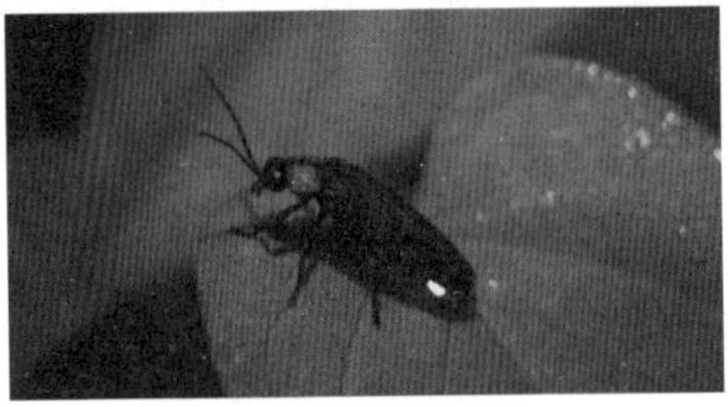

影像提供／PIXTA

⬇以長野縣一帶為界，雄螢的閃爍週期不同。此外，北海道與琉球群島沒有源氏螢。

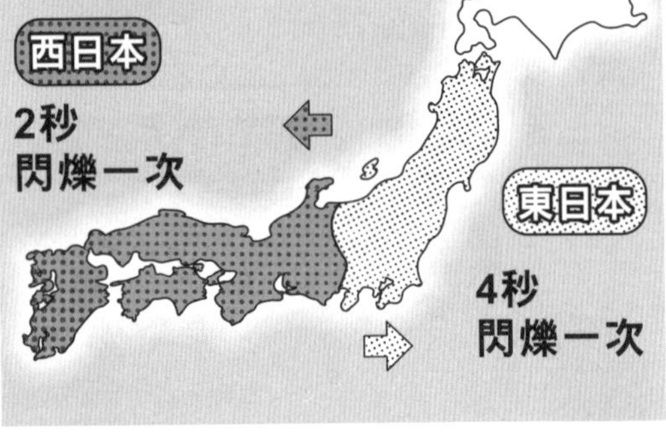

西日本
2秒
閃爍一次
東日本
4秒
閃爍一次

上一頁介紹了「有許多螢火蟲的幼蟲與蛹會發光」，各位可能會對這一點感到不可思議。畢竟夜行性成蟲的發光目的是求愛與交配，但是沒有自保之力的幼蟲發光，不是會更容易被敵人發現，讓自己陷入險境嗎？

專家認為這是幼蟲以發光的方式來強調「自己有毒」的自保之道。這個方法在第三十四頁介紹過。第三十五頁也有提到過「螢火蟲的體內有毒」，而且不只是成蟲，螢火蟲的幼蟲也同樣有毒。

許多夜行性敵人都想吃螢火蟲的幼蟲，發光應該是幼蟲用來嚇退敵人的方式。

假的吧？螢火蟲會模仿別人發光？

若以人類來比喻，有些螢火蟲會用光做出「騙婚」的犯罪行為！

誘騙結婚……

有一種棲息在北美的螢火蟲，雌螢會偽裝成其他種類的雌螢，吸引雄螢過來後吃掉。好可怕啊！

> 我現在♥
> 過去♥

同步發光類的螢火蟲（雄性）

↓比自己體型還小的同步發光類螢火蟲，就這樣受騙上當，還被吃掉了。

妖掃螢屬的螢火蟲（雌性）

← 模仿同步發光類的雌性螢火蟲的發光方式，吸引雄螢。

> 嘿嘿，快來吧♥

> 你上當了♥

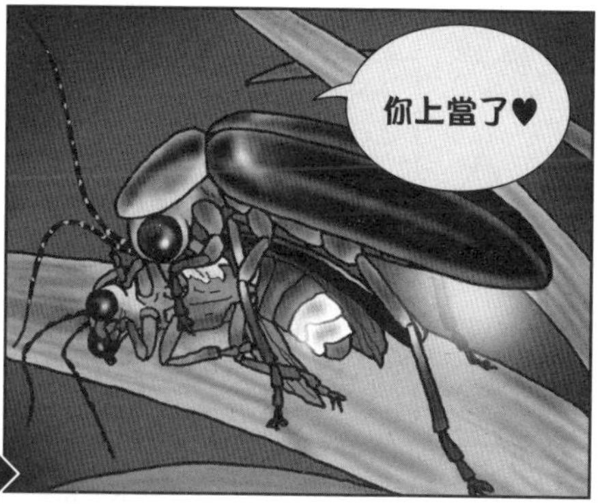

除了螢火蟲之外，其他會發光的昆蟲

在北美洲到中南美洲這段區域，有一種會發光的叩頭蟲（左邊照片），包括胸部背側的兩處在內，總共有三處會發光。

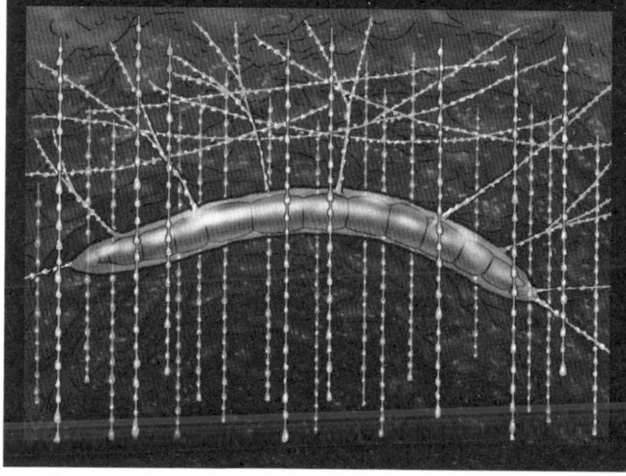

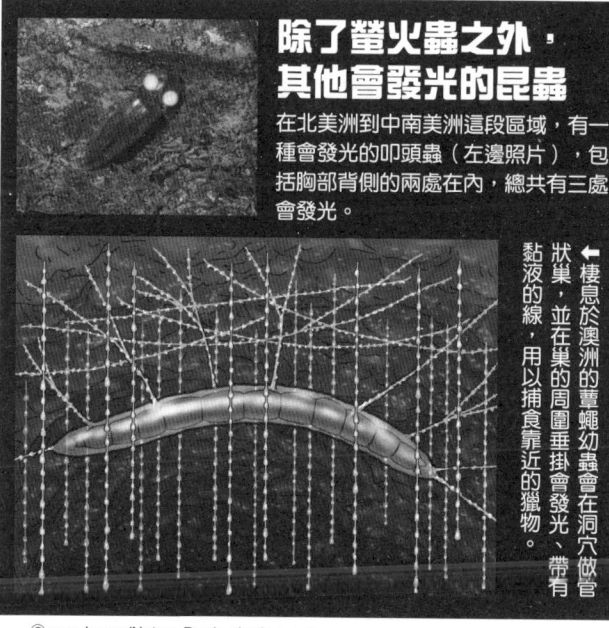

← 棲息於澳洲的蕈蠅幼蟲會在洞穴做管狀巢，並在巢的周圍垂掛會發光、帶有黏液的線，用以捕食靠近的獵物。

> 在這當中也有三秒閃一次的螢火蟲喔！

©unno kazuo/Nature Production/amanaimages

原來昆蟲是透過費洛蒙和聲音等各種方法尋找交配對象。
還有些昆蟲是以更驚人的方法向交配對象突顯自己喔。
是什麼昆蟲呢？
這附近很難找到出木杉說的昆蟲……
想找到自己想找的東西，
就用「在哪裡之窗」吧！
※打開
日本蠍蛉在哪裡？
喔！
馬上就找到了。
※照射
因為是很小的昆蟲，所以我們就用「縮小燈」變小，一起去看看。

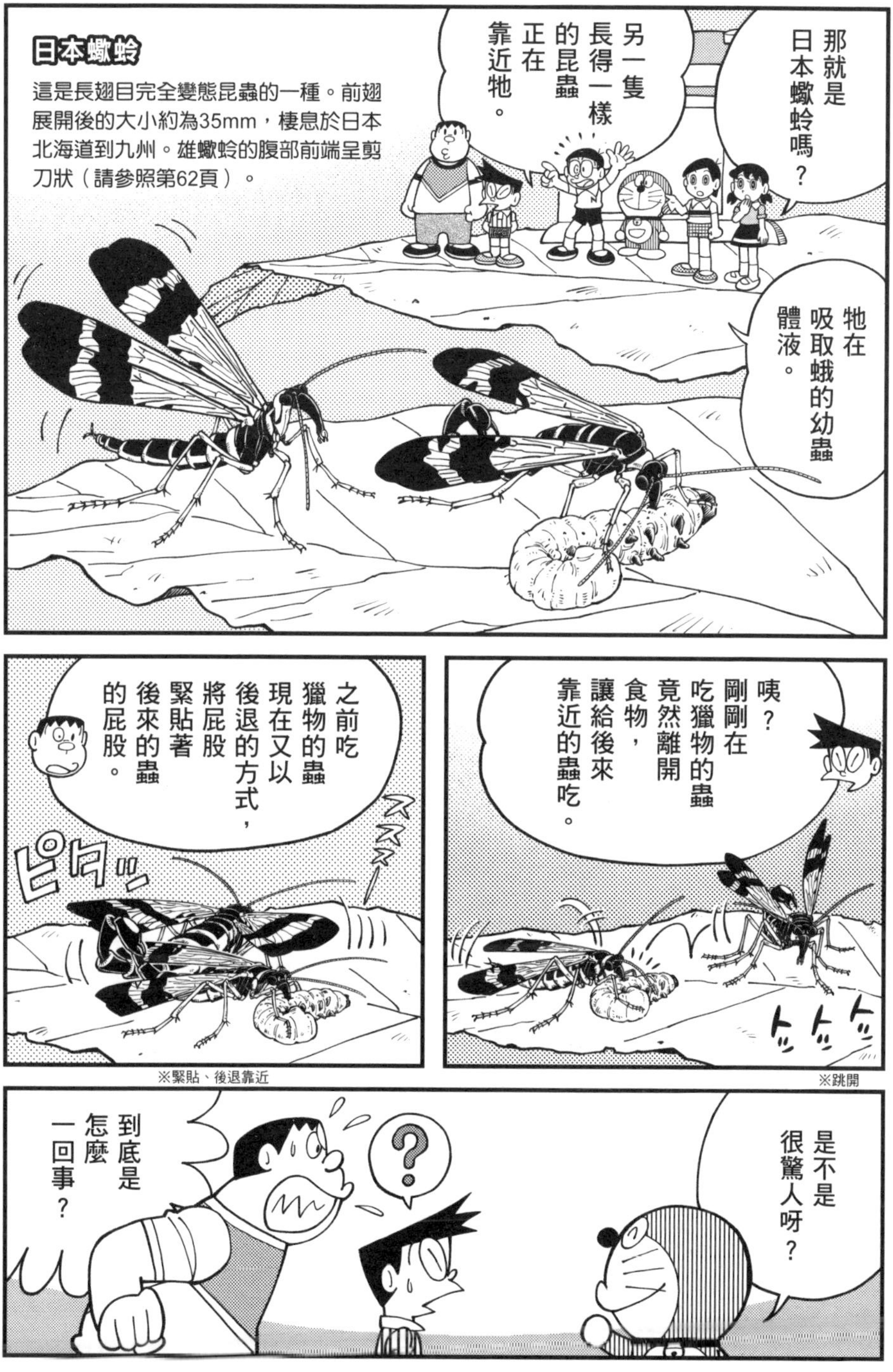
那就是日本蠍蛉嗎？
另一隻長得一樣的昆蟲正在靠近牠。
日本蠍蛉
這是長翅目完全變態昆蟲的一種。前翅展開後的大小約為35mm，棲息於日本北海道到九州。雄蠍蛉的腹部前端呈剪刀狀（請參照第62頁）。
牠在吸取蛾的幼蟲體液。
咦？剛剛在吃獵物的蟲竟然離開食物，讓給後來靠近的蟲吃。
※跳開
之前吃獵物的蟲現在又以後退的方式，將屁股緊貼著後來的蟲的屁股。
※緊貼、後退靠近
是不是很驚人呀？
到底是怎麼一回事？

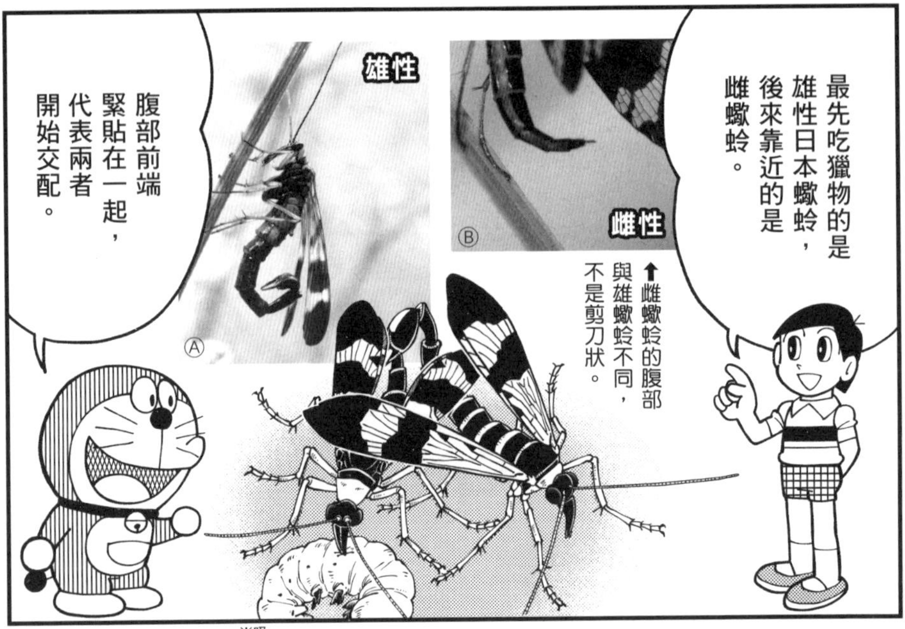
最先吃獵物的是雄性日本蠍蛉，後來靠近的是雌蠍蛉。
雄性
雌性
Ⓑ
⬆雌蠍蛉的腹部與雄蠍蛉不同，不是剪刀狀。
Ⓐ
腹部前端緊貼在一起，代表兩者開始交配。

※吸

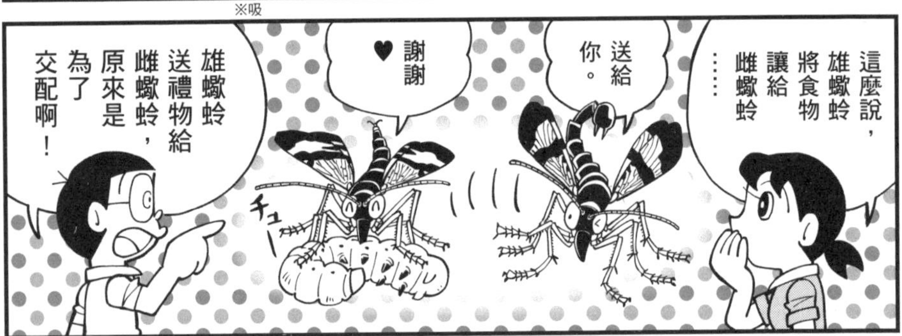
這麼說，雄蠍蛉將食物讓給雌蠍蛉……
送給你。
謝謝♥
チュー
雄蠍蛉送禮物給雌蠍蛉，原來是為了交配啊！

※吸、緊貼

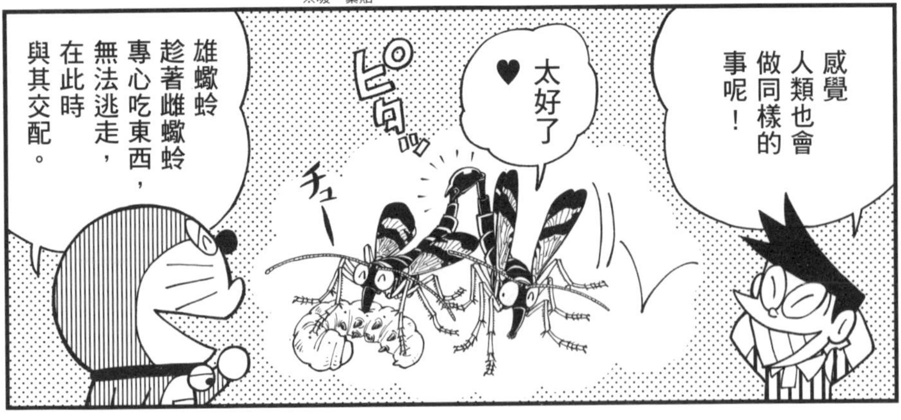
感覺人類也會做同樣的事呢！
太好了♥
ピタッ
チュー
雄蠍蛉趁著雌蠍蛉專心吃東西，無法逃走，在此時與其交配。

還有其他昆蟲的雄蟲會送禮物給雌蟲喔！蚊蠍蛉就是其中之一。
⬅這是長翅目的一種蚊蠍蛉雄蟲與雌蟲交配的情景，是在雌蟲吃雄蟲給的食物期間，完成交配過程。
雄蟲
食物
雌蟲
話說回來，雄蟲還要準備食物當禮物，真是辛苦呢。
看來無論在哪個世界，有錢的人才是贏家！
這種話不要對著我說！
其實舞虻也很有趣。
牠會將食物打包，送給雌蟲。
舞虻類群
舞虻是馬蠅同類，有一種舞虻會從體內吐絲，將食物包起來送給雌蟲求愛。接著雄蟲會趁著雌蟲吃東西的時候，完成交配。
不管怎麼說，雄蟲花心思送禮與雌蟲結婚，聽起來很勵志呢！
不過，昆蟲界也不全都這麼勵志……

攝影／鈴木智也博士（京都大學研究所地球環境學堂）Ⓒ　影像提供／PIXTAⒶⒷ

※深受打擊

還要捉獵物太累了……
舞虻
隨便送個空包裹騙騙雌蟲吧！
蚊蠍蛉
沒有大一點的嗎？
有些舞虻會將小獵物包成大包裹，或是在包裹裡放沙粒、垃圾，想引雌蟲上鉤……
根據研究，若雄蟲送的獵物太小，雌蟲會不願意與其交配。
不管是雄蟲或雌蟲，都很難搞啊……
為了繁衍後代，雙方都想盡辦法達成目標呢。
嗯……
？
這麼說來，我真是幸福。
因為靜香不是個見錢眼開的人。

所以我長大後，
還是要保持
最真實的模樣，
向未來的靜香
求婚！
你開什麼
玩笑！
你不僅
唸書零分，
還沒有
運動神經，
若不改變
一事無成的
自己，
將來是不可能
可以跟靜香
結婚的！
ㄨ咻
哆啦A夢！
拜託你
趕快拿出
我一定能
結婚的道具！
？
※揮棒落空

話說回來，我們到底在哪裡啊？
這裡是低海拔山上的雜樹林，在這裡可以找到日本蟈蛉。
喂，你們看那邊！樹上有好東西！
那裡有許多昆蟲聚集在一起。
還有鋸鍬形蟲，牠們在吸食麻櫟樹的樹液。
好，一起去看看。
哇！好驚人了！

糟了！
鋸鍬形蟲正在攻擊弱小昆蟲。
大雄還真是什麼都不懂呢！
那是雌蟲，牠正在跟雄蟲交配。
←鋸鍬形蟲的雄蟲體長為二十六到七十五毫米，雌蟲為二十五到四十一毫米。有時雄蟲的體長是雌蟲的兩倍。
雄蟲⇩
⇩雌蟲
什麼？雄蟲與雌蟲的體型差這麼多啊？
對了，鋸鍬形蟲在交配之後，雄蟲不會立刻離開雌蟲。
昆蟲們在交配結束後，還會遭遇許多危險。
什麼意思啊？
快看，有別的雄蟲靠近。
咦?!
哎呀！動手了！他們開始打架了！

影像提供／PIXTA

※喀！

※喀！
牠把牠舉起來了！
※丟
哇哇哇！哇啊！
雄蟲之所以覆蓋在雌蟲上，是在監視四周，避免其他雄蟲與雌蟲交配。
不准對我的另一半出手！
若雌蟲在交配後，又與其他雄蟲交配，生出來的後代，很可能是對方的小孩。

原來昆蟲交配後，不一定能生出自己的孩子。
我能理解不准其他雄蟲靠近的心情。
啊，草叢裡還有其他昆蟲的雄蟲也會監視雌蟲四周喔！
尖頭蝗
那是蝗蟲母子吧？上面的是小孩？
不是，是雄蟲在雌蟲背上。
什麼？那不是小孩？
尖頭蝗的雄蟲體型比雌蟲小。
↑常見於日本北海道到琉球群島。雄蟲體長22～25mm，雌蟲體長40～42mm。遇到其他雄蟲靠近，在雌蟲背上的雄蟲就會與對方打架。
有些昆蟲會用更意想不到的方法，阻止雌蟲與其他雄蟲交配。
不過這個季節看不到，接下來用「時光腰帶」。
讓我們回到六月初去看這隻昆蟲吧！
大家抓緊我。
※消失
ヒュン

攝影／植松國雄

※出現

ジュン
哇！

這裡有好多漂亮的白色蝴蝶！
剛好是我要找的冰清絹蝶，大家注意看牠的腹部。
半透明的翅膀
這是鳳蝶的一種，常見於日本的北海道、本州、四國一帶。前翅展開後的大小大約60mm。如其日本名「薄羽白蝶」所示，翅膀為白色半透明，胸部有黃毛。
Ⓐ

影像提供／PIXTA©、星野渡假區Picchio®

影像提供／北杜市大紫蛺蝶中心

昆蟲種類多樣，交配方式也各有不同！

不只送禮給心儀對象，希望對方願意交配，或是費心思預防交配對象「再婚」……還有許多昆蟲的交配方式超乎人類想像！

雌蟲會吃掉雄蟲？
螳螂類

大家都認為是「雌蟲在交配期間或交配後吃掉雄蟲」，真相真是如此嗎？

雄性
雌性
Ⓐ

⬅交配時雄螳螂會騎在雌螳螂身上，由於雌螳螂產卵需要養分，如果雄蟲接近雌蟲的方式不對，很有可能被吃掉。

雄性的身體→
雌性
Ⓑ

➡有時候雌螳螂會在交配期間吃掉雄螳螂，但不一定如此，有時候雄螳螂不會被吃掉。

雄蟲與雌蟲比出一顆愛心
絲蟌類

雖然這個交配姿勢很有趣，但目的是避免其他雄絲蟌搶走雌絲蟌。

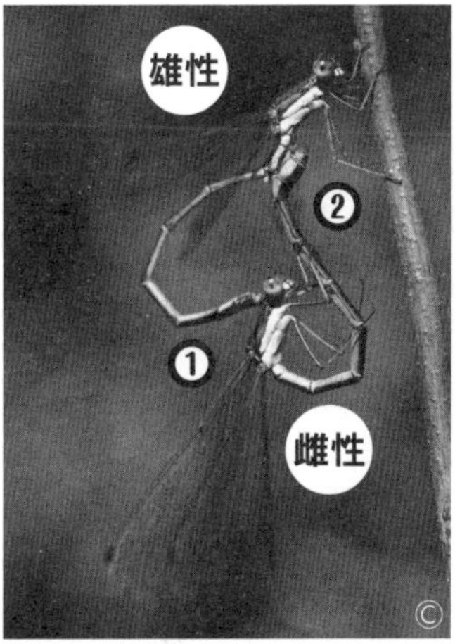

雄性
②
①
雌性
Ⓒ

⬅當雌絲蟌進入自己的地盤，雄絲蟌就用腹部前端將雌絲蟌頭部夾在前胸（①）。接著雄絲蟌將雌絲蟌的腹部緊貼在自己的腹部基部完成交配。

大田鱉的行為雖然很殘忍，但牠的目的是為了繁衍後代。

雌田鱉破壞卵塊　狄氏大田鱉

看到雄田鱉※保護其他田鱉產下的卵，雌田鱉會破壞該卵塊，與雄田鱉交配。

Ⓓ

⬆雌田鱉壓制保護卵的雄田鱉，破壞或吃掉其與其他雌田鱉產下的卵。

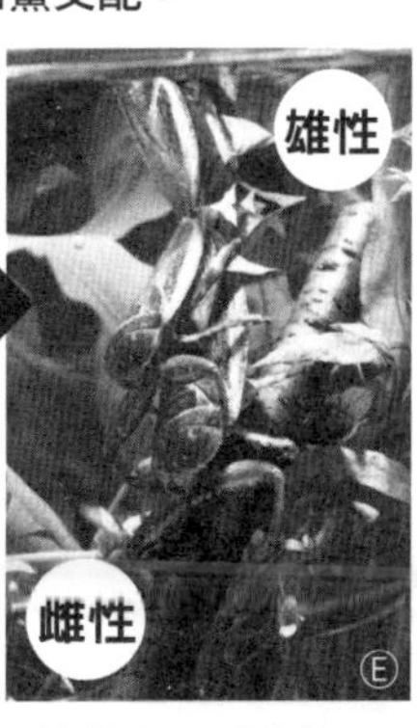

雄性
雌性
Ⓔ

⬅想留下後代的雄田鱉，與破壞卵的雌田鱉交配。接著保護後來產的卵。

※雄性狄氏大田鱉保護卵的詳情，請參照 85 頁。
攝影／朝倉秀之Ⓔ　影像提供／PIXTAⒶⒷⒸ、photolibraryⒹ

你們看一下那裡。
這些小小的圓球是什麼啊？
這些白色圓球的表面有許多凹洞。
那是冰清絹蝶的卵。
這是卵啊……這是辛苦的交配後，好不容易產下的卵。
希望都能順利孵出幼蟲。
⬆大小約1mm。雌蟲產卵的樹枝，通常在幼蟲吃的食草附近。
不過，這些卵未來也會遇到重重困難。
牠們的父母已經那麼辛苦了。
許多昆蟲在產卵之後就置之不理。
剛孵出來的幼蟲必須自己找食物，還會遇到許多吃幼蟲的天敵。
太辛苦了！

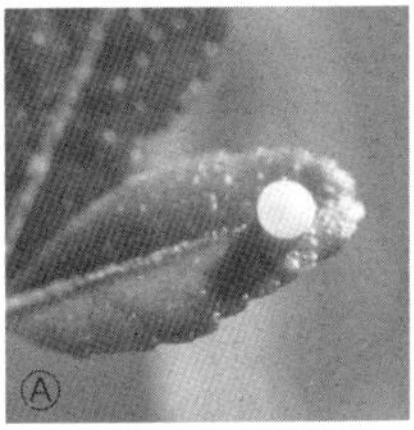

卵 100顆➡**96顆**

赤眼卵寄生蜂是一種體型很小的蜂，會在鳳蝶卵上產卵，寄生至羽化為止。鳳蝶卵還可能會被蜱蟎類吃掉。

100顆鳳蝶卵中有多少可以倖存下來？

以鳳蝶為例，最終可以躲過天敵侵襲與疾病，順利長至成蟲的比例不到百分之一。

⬇

幼蟲 96隻➡**1.8隻**

小小的一齡與二齡幼蟲，很容易遭到蜘蛛、螞蟻與吸取體液的獵蝽（椿象類）攻擊。三齡幼蟲以後，體型越來越大，容易被鳥吃掉，或是被長腳蜂捕捉，做成肉丸子。不僅如此，也可能染上病毒性疾病。

➡

蛹 1.8隻➡**1.6隻**

幼蟲時期很可能被寄生蜂吃光內臟，破體而出。若是在羽化時無法順利破蛹，也會導致死亡。

⬇

成蟲 1.6隻➡**0.6隻**

鳳蝶必須在大約兩週的壽命期間，順利交配並留下後代。鳳蝶會飛之後，行動範圍擴大，必須面臨右圖的螳螂、蜘蛛、蜥蜴、鳥類等眾多強敵的挑戰。

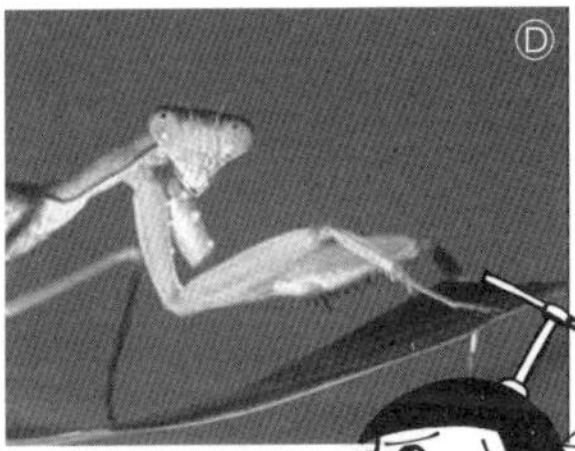

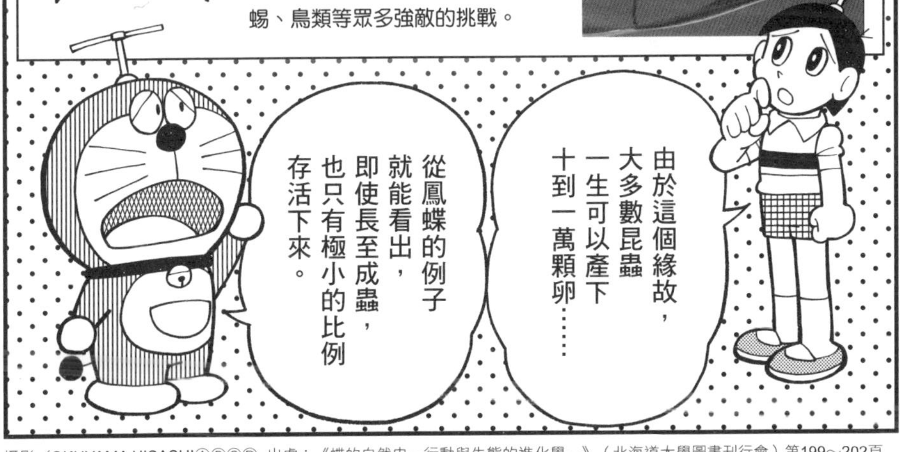
由於這個緣故，大多數昆蟲一生可以產下十到一萬顆卵……
從鳳蝶的例子就能看出，即使長至成蟲，也只有極小的比例存活下來。

攝影／OKUYAMA HISASHIⒶⒷⒸⒹ 出處：《蝶的自然史─行動與生態的進化學─》（北海道大學圖書刊行會）第199～202頁〈鳳蝶類的個體群動態〉（三重大學／渡邊守）

昆蟲卵的迷你圖鑑

卵和剛出生的幼蟲都無力自保，為了盡可能增加存活率，包括產卵地點和卵的存在方式，都能看出雌蟲的苦心。

產卵在食物上

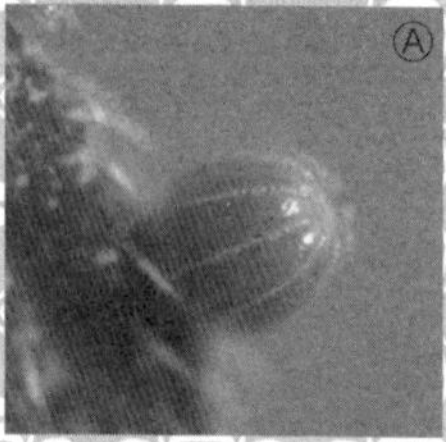

Ⓐ

黃鉤蛺蝶（蝴蝶）

為了方便幼蟲一出生就有東西吃，雌蟲會把卵產在幼蟲的食草附近。

用毒自保

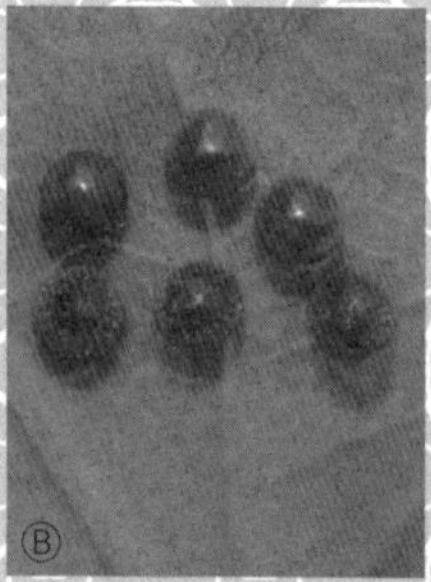

Ⓑ

麝鳳蝶

麝鳳蝶體內有毒，產下的卵表面也跟親蟲一樣有毒，避免被敵人吃掉。

用毛自保

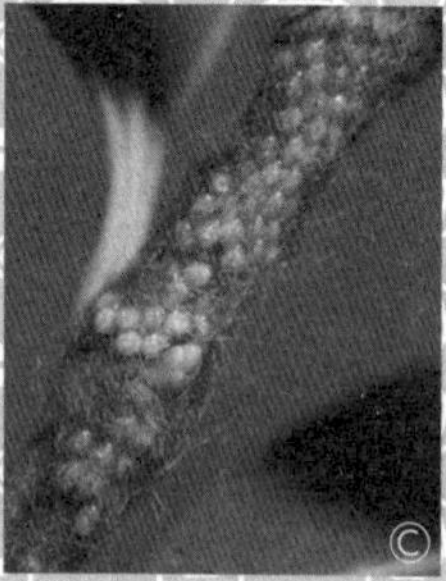

Ⓒ

中國毛斑蛾（蛾）

親蟲可以產下100到200個卵塊，並在卵塊上黏上自己的毛，藉此躲避外敵，並發揮保暖作用。

用絲垂掛

草蛉

草蛉將卵像下圖那樣產在葉子背面。這個方法不僅讓外敵難以靠近卵，也能避免孵化後的幼蟲互相殘殺。

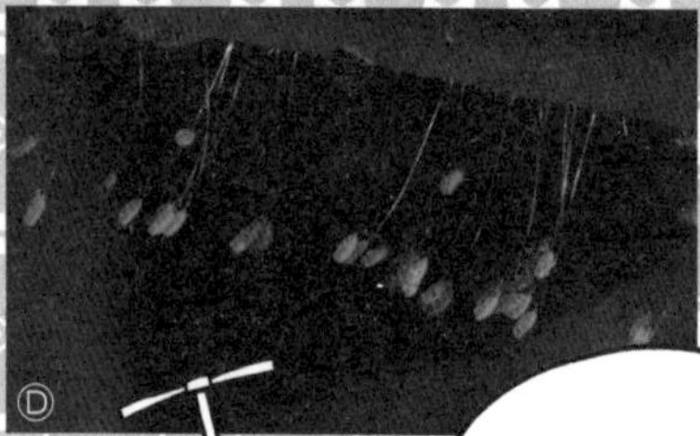

Ⓓ

包覆保護 台灣大刀螳

產卵時雌蟲會分泌液體，凝固成海綿般的硬殼，並將數百顆卵產在裡面。這個方法可以避免撞擊，還能禦寒。

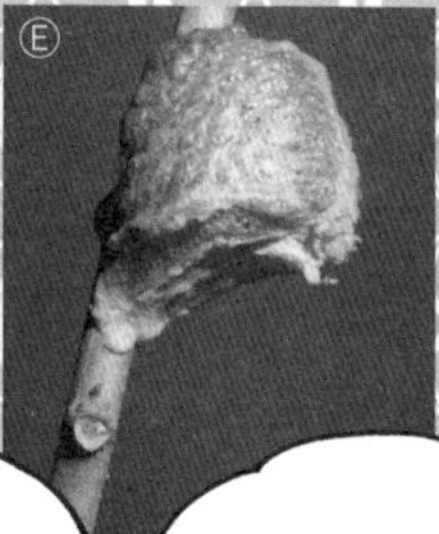

Ⓔ

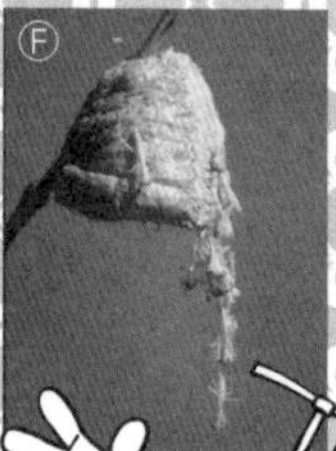

Ⓕ

←在春天到初夏時期孵化。

對於產卵後便置之不理的昆蟲來說，將卵產在食物附近，可以方便幼蟲孵化後覓食。
冰清絹蝶也會將卵產在幼蟲吃的食草附近。

攝影／OKUYAMA HISASHIⒶⒸⒹⒺⒻ　影像提供／photolibraryⒷ

※喀啦、喀啦
有許多昆蟲產卵後就置之不理，代表……
ガラ ガラ ガラ
沒錯，有一部分昆蟲會親自帶小孩喔！
在看這類昆蟲之前，這附近有許多幫孩子做「搖籃」的昆蟲，先去看看吧！
那隻是什麼昆蟲？
這是捲葉象鼻蟲，牠正在做搖籃。
把葉子做成搖籃？
「時間停止器」。
這個祕密道具可以將身邊的時間加快或延遲。
10
S C
牠要花一小時才能完成搖籃，
將時間加快十倍吧！
クリクリ
カチッ
※轉動、按下

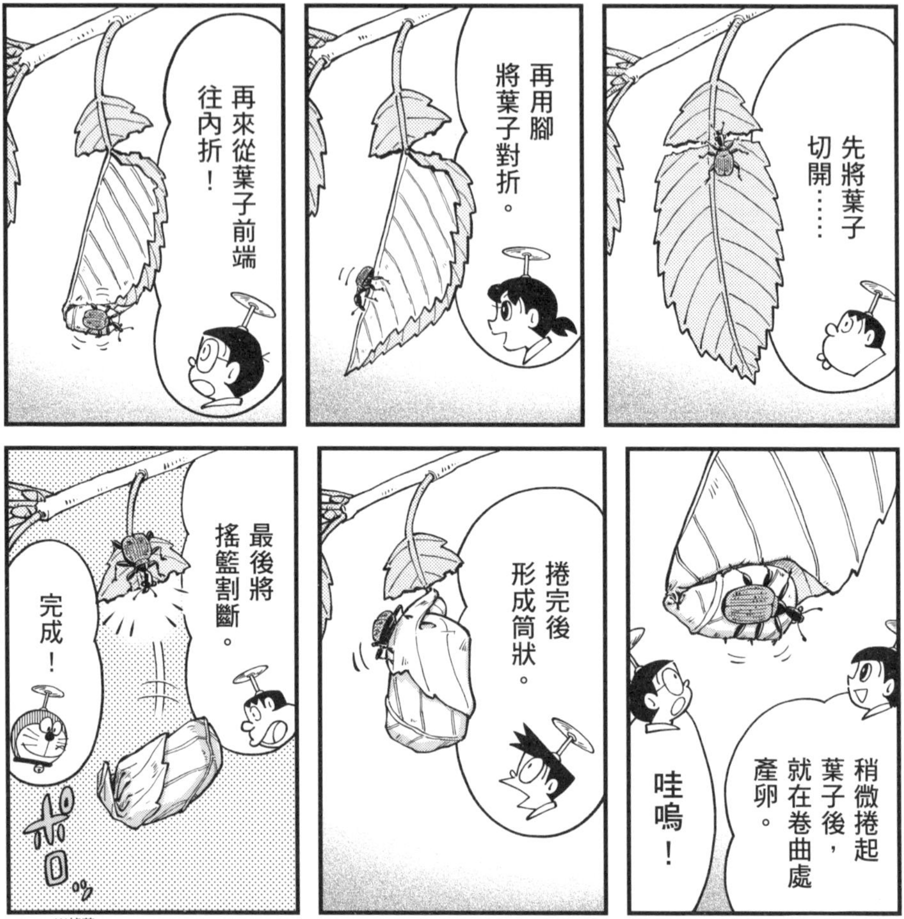
先將葉子切開……
再用腳將葉子對折。
再來從葉子前端往內折！
稍微捲起葉子後，就在卷曲處產卵。
哇嗚！
捲完後形成筒狀。
最後將搖籃割斷。
完成！
ポロッ

※掉落

我們用「透視眼鏡」觀察搖籃裡的狀態。
裡面有一顆卵！

從卵孵化後的幼蟲，吃搖籃裡的葉子長大。
➡產卵後一週，幼蟲就會孵化出來。幼蟲左邊的小顆粒是幼蟲排出的糞便。
⬅10天後，幼蟲結成蛹。一週後羽化，身體變硬就會出來。
從蛹羽化後，捲葉象鼻蟲才會離開搖籃，到外界生活。
在搖籃裡有東西吃，也不會遭遇敵人，比起被親蟲置之不理，這個方式比較容易倖存。
由於這個緣故，捲葉象鼻蟲一生只產下20到30顆卵，數量算少。
存活率越低的昆蟲，產卵的數量越多；容易倖存的昆蟲，產卵的數量較少。
這就是每種昆蟲都能維持一定數量，不會增加太多的原因。
大自然奧妙的維持平衡呢！
對了，我的肚子每到三點就會咕嚕咕嚕叫。
真的是太奧妙了。
出木杉，剛剛的蟋蟀煎餅還有嗎？
真拿那三人沒轍……

在包餐的「育兒房」慢慢長大

一孵化就有食物吃，幼蟲待在封閉的環境裡，在羽化之前很難遇到外敵。讓我們一起來探索安全的「育兒房」生活！

切斷葉片做成壁紙打造「育兒房」

將葉片切成圓形，圍出一個房間，再囤積採集到的花粉和花蜜後，產下一顆卵。孵化後的幼蟲可以在育兒房吃花粉丸子長大。

➡將下顎當剪刀使用，切下葉子。每個房間使用的圓形葉子可多達數十片。

❶將葉片切成圓形

用腳夾住葉子，轉動身體，切成圓形。

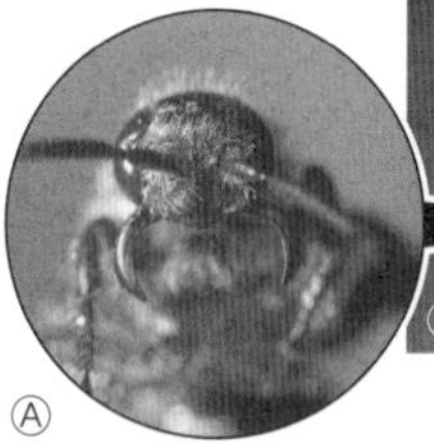

Ⓐ

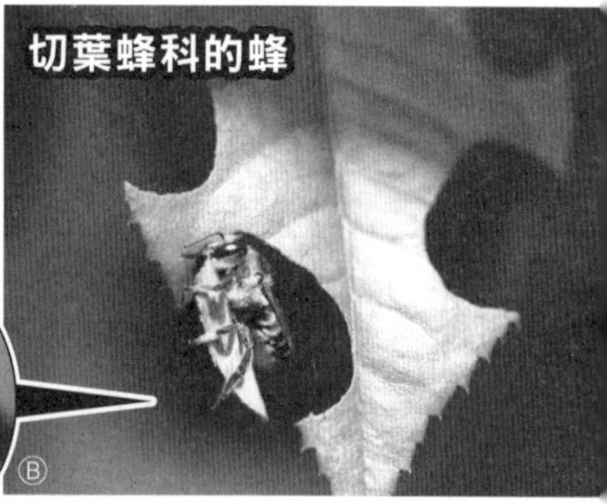

切葉蜂科的蜂
Ⓑ

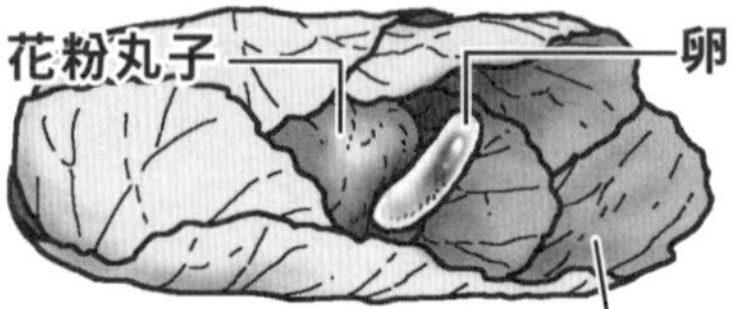

花粉丸子
卵

⬆每個房間的大小為寬6～8mm、長10～15mm。

❷搬運葉子

將切成圓形的葉子，運往事先找好的細長形洞穴。

❸用葉子做幾間房間

用葉子圍成房間，放入花粉丸子，再產一顆卵（左上圖為由幾個葉片圍起的房間內部示意圖）。一個巢裡可做出好幾間房間。

⬅利用地面的凹洞、石頭縫隙和竹筒作巢。

牠們是如何測量圓形葉片的大小呢？

切葉蜂打造的房間充滿奇蹟。用切成圓形的葉子，圍出杯子狀房間的側邊，再用圓形葉子封起來。最神奇的是，切葉蜂切出的圓形葉子幾乎都一樣大。牠們是怎麼辨識形狀的呢？為什麼切出來的葉子能夠都一樣大？觀察昆蟲就會發現許許多多神祕現象。

讓植物形成「蟲癭」並產卵

板栗癭蜂會將產卵管插入栗屬果樹的新芽中產卵，並且還會同時分泌化學物質，形成蟲癭。幼蟲孵化後就吃蟲癭長大。

板栗癭蜂

⬆板栗癭蜂的體長約2mm，產卵管位於腹部前端。

⬇栗樹新芽的蟲癭。蟲癭的前端有葉子，不會長大，在內部的板栗癭蜂羽化出來後就會枯萎。此外，板栗癭蜂是栗樹的害蟲。

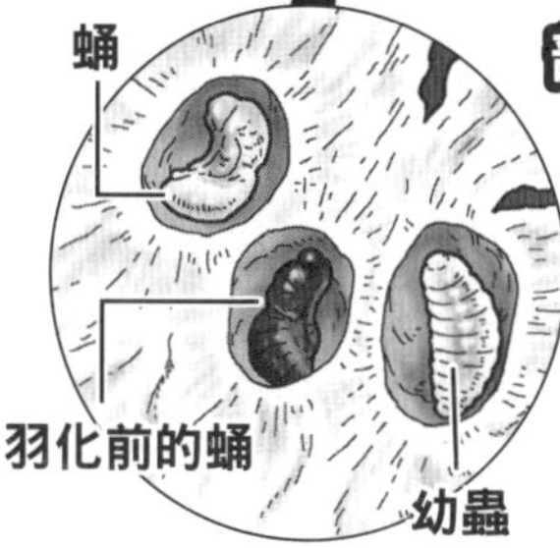
蛹
剖面
羽化前的蛹
幼蟲

⬅通常一個蟲癭裡，有許多幼蟲寄生。

顏色形狀各異的蟲癭

蟲癭常見於各種植物的葉子、莖部和果實。顏色和形狀各有不同，實際探查十分有趣。左圖是在紫葛葉子上形成的蟲癭。

在糞球中成長

雌蟲將動物糞便做成圓形球狀，在裡面產下一顆卵。幼蟲孵化後在糞球中吃糞，一直到羽化為止。

糞球剖面

車華糞蜣螂（雄）

甲蟲類的一種。大大的彎角是雄蟲的特徵，體長十八到三十四毫米，常見於日本北海道到九州。

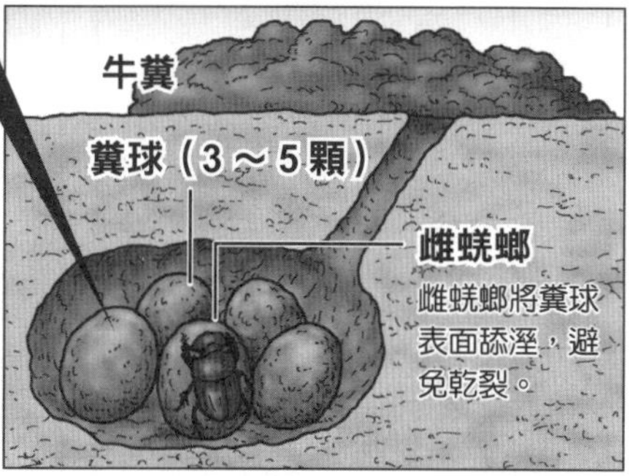
牛糞
糞球（3～5顆）
雌蜣螂
雌蜣螂將糞球表面舔溼，避免乾裂。

⬆雄蜣螂與雌蜣螂在糞便底下，挖一個深20公分左右的洞穴，將糞便切成小塊，做成糞球。雌蜣螂在每顆糞球產下一顆卵。幼蟲孵化後，就在大小30到40毫米的糞球中生活，一直到成蟲為止。

日本也有會滾糞的「蜣螂」

車華糞蜣螂不會用腳滾動糞丸，但日本也有會滾糞的蜣螂。

⬅甲蟲類的一種。體長二到三毫米的卵蜣螂，棲息於日本本州到九州。

攝影／OKUYAMA HISASHIⒶ、安田 守Ⓖ　影像提供／PIXTAⒷⒹ、森林綜合研究所Ⓔ、北杜市大紫蛺蝶中心Ⓕ

※咀嚼
我好像喜歡上蟋蟀煎餅了。
好好吃。
哆啦A夢，你說要帶我們去看會帶小孩的昆蟲，真的有這種昆蟲嗎？
我們到了。
你說到了……在池子裡嗎？
別擔心，我有糖。
喔？還有其他點心啊？
不是啦！這是「水中氧氣糖」。只要吃下它就能從水中萃取氧氣，在水裡也能呼吸！
原來是道具啊！
這樣的話，我不會游泳也可以放心了。
※丟
我先！
啊！等一下！
※跳進水裡

話說回來，
會帶小孩的
昆蟲在哪裡啊
……
!?
大雄，
危險！
※攻擊

大雄，你還好嗎？
哆啦A夢真厲害，緊急時刻拿出「聲音凝固劑飛行款」救援！
真是太好了，你沒被狄氏大田鱉抓走。
狄氏大田鱉會用針一般的口器刺入獵物體內，注射消化液，將獵物溶解成濃稠的湯吸食。
水生昆蟲之王 狄氏大田鱉
體長48～65mm，是常見於日本本州到琉球群島的椿象類昆蟲，更是日本最大的水生昆蟲。牠們會將腹部前方的呼吸器官伸出水面呼吸，獵食青蛙或小魚等。
➡前腳有尖爪，利用尖爪夾住獵物捕食。
好恐怖！
難道你說的會帶小孩的昆蟲就是……
沒錯，就是狄氏大田鱉。
那麼兇猛的肉食昆蟲竟然會帶小孩，沒騙人？
咦？剛剛那隻狄氏大田鱉不見了。
可能浮出水面了，我們跟去看看吧。

⬆雌蟲將50～100顆卵產在水面上的樹枝或水草※。

※跳

攝影／朝倉秀之 ※卵會呼吸，雌蟲不將卵產在水裡，是為了避免後代窒息。

※破卵

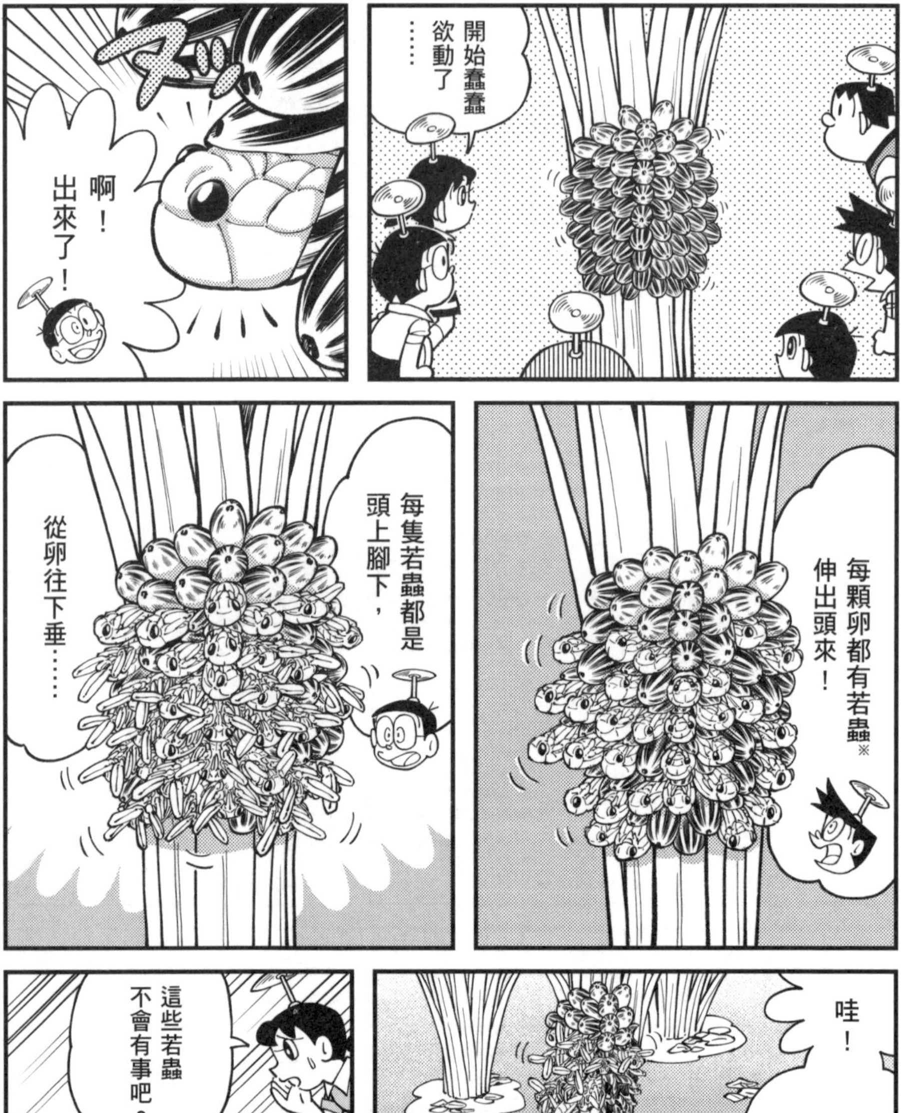

※若蟲：不完全變態昆蟲的幼蟲稱為若蟲。

※撲通、撲通

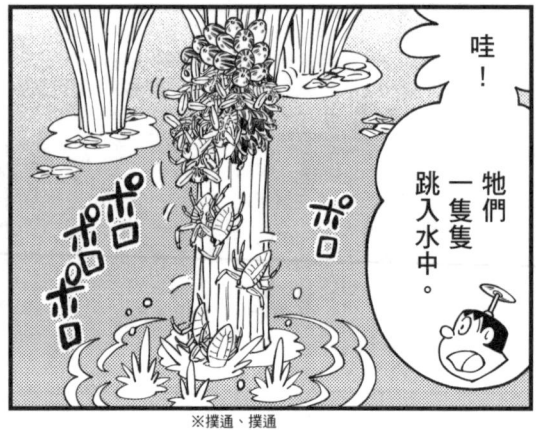

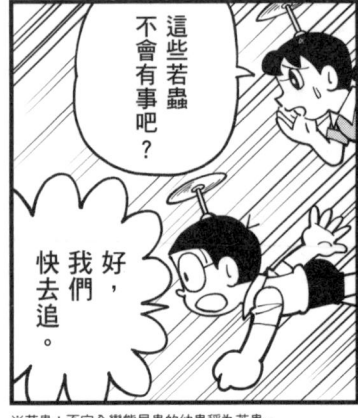

太好了，大家都沒事。
當若蟲們開始游泳四散開來，狄氏大田鱉的育兒工作就結束了。
狄氏大田鱉雖然是最強的水生昆蟲，但牠們並非沒有天敵。
⬆狄氏大田鱉的一齡若蟲。➡若蟲時期容易受到右圖的日本紅娘華攻擊，長大後則會遭受美洲牛蛙與水鳥的獵食。
加上狄氏大田鱉很怕農藥，專家擔心牠們會滅絕。
你們要吃飽一點，快快長大喔！
喂，別鬧了。
好癢啊！
牠們可能是把大雄當成爸爸了。

攝影／朝倉秀之

攝影／朝倉秀之Ⓑ 影像提供／里山笑樂校Ⓐ

保護卵、餵食後代的育兒昆蟲大集合！

接下來的三頁，為各位介紹親蟲不會「產後不理」，而是好好照顧卵直到孵出幼蟲，以及在孵出幼蟲後，親蟲仍會好好養育小孩的昆蟲育兒記！

雄蟲負責背卵的負子蟲

負子蟲和狄氏大田鱉一樣，都是水生椿象。體長20mm，常見於日本本州、四國與九州。雄蟲和雌蟲交配後，讓雌蟲在自己背上產卵，接著就一直背著卵，直到孵出若蟲為止。

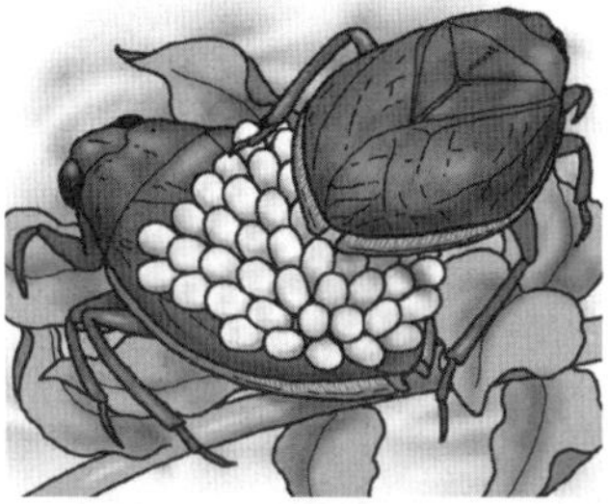

雌蟲在雄蟲背上產卵

雄蟲與多隻雌蟲交配，讓雌蟲們在自己背上產卵。雄蟲最多可背70顆卵。

雄蟲背著卵生活直到孵出若蟲

雄蟲背上的卵會呼吸，有時必須接觸空氣，但也不能讓卵乾燥，有時必須弄溼。由於這個緣故，雄蟲一天中，大半時間都在水面附近度過。

幾週後卵就會孵化

若蟲孵化後四散在水中生活，雄蟲的育兒生活就此結束。接著再次重複與多隻雌蟲交配，過著背卵生活的日子。

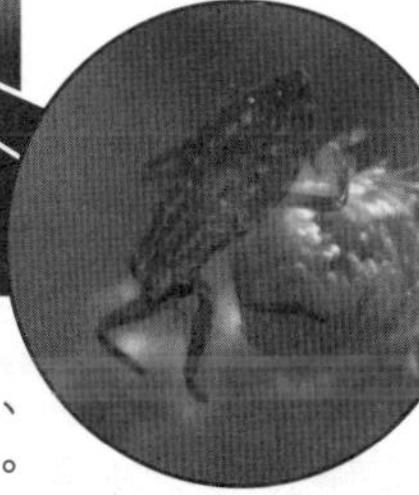

➡負子蟲的若蟲也和成蟲、狄氏大田鱉一樣，用前腳捕捉水生昆蟲、小魚與貝類，再以消化液溶解吸食。

一季要重複多次
背卵生活，
真的好辛苦。

←次頁起將介紹孵出幼蟲後仍持續餵食小孩的昆蟲！

攝影／朝倉秀之

為幼蟲準備食物的育兒昆蟲們

從遠方搬運沉重食物，以口就口餵食孩子。昆蟲對後代的慈愛好像人類？

搬運沉重樹果的日本朱土椿象

這種椿象常見於日本的九州和琉球群島，雌蟲會像燕子的親鳥一樣，每天出門找若蟲吃的樹果，回到巢裡餵食。

抱著卵塊守護後代

雌蟲產下100顆左右的卵，接著做成圓形卵塊，抱著卵塊超過十天不吃不喝，有時還會抱著走。

將樹果帶給若蟲

成蟲與若蟲只吸取青皮木果實的汁液，若蟲一起孵出之後，雌蟲會在樹林四處奔走尋找，將樹果帶給若蟲。

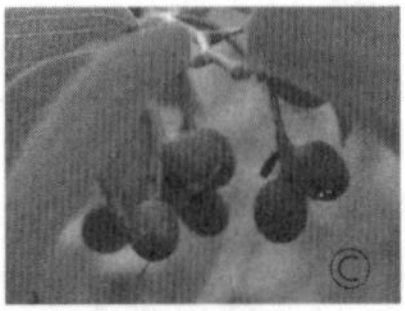

←青皮木果實。在日本只生長於九州和琉球群島，屬於落葉性潤葉樹種。

為了小孩
不惜豁出
自己的生命，
父母真的很偉大。

每天搬運好幾次

果實成熟後，體重可能是日本朱土椿象的1.5倍，雌蟲每天好幾次帶著沉重的樹果，餵食後代。雌蟲為了尋找樹果，來回走動數十公尺也很常見。

熱衷育兒的椿象類群

椿象類群中，有許多椿象會保護卵和若蟲，水生的狄氏大田鱉也是一樣。右圖的伊錐同蝽雌蟲，在若蟲孵化後仍會保護若蟲一段時間。

影像提供／向井裕美（森林綜合研究所）ⒶⒷⒹ、NPO法人大家的森林計畫Ⓒ、PIXTAⒽ

以口就口餵食孩子的四星埋葬蟲

這是埋葬蟲的一種，屬於吃動物腐肉的甲蟲類。雌蟲會將腐肉做成丸子，先吃下後再反芻吐出來餵給幼蟲吃。

將死掉的動物做成肉丸

四星埋葬蟲發現動物屍體時，會在其下方的地面挖洞，將屍體做成肉丸埋起來。接著將埋肉丸的地方當成巢穴。

餵食肉湯給孩子吃

雌蟲會將卵產在巢裡的肉丸旁，等幼蟲孵出後，雌蟲就吸取肉丸湯汁，以口就口餵給孩子吃。專家認為雌蟲會在以口就口時釋放費洛蒙，幼蟲受到費洛蒙吸引，就會吃雌蟲給的食物。

➡有時雄蟲也會幫忙帶小孩。幼蟲會在結蛹前離巢生活。

幼蟲
一次可產10顆卵左右。
雌蟲
肉丸
以強力的下顎拔掉屍體上的毛和翅膀，再將屍體做成肉丸。

最後將「自己」獻出當食物的瘤蠼螋

蠼螋類群也很熱衷於帶小孩。瘤蠼螋的雌蟲在寒冷時期產卵，產卵之後就可能被若蟲……

在石頭下方保護卵

雌蟲產卵後在石頭下方的巢穴護卵，舔卵保持溼潤，不吃不喝保護後代。

被若蟲吃掉

在食物匱乏的時期，雌蟲死後可能成為若蟲的營養來源。之後若蟲們就會離巢，獨立生活。

看到昆蟲們積極育兒的場景，我們總是會以人類的角度思考：「莫非昆蟲也懂得愛嗎」？尤其是日本朱土椿象、瘤蠼螋，雌蟲媽媽為了要延續必須獨力生存的幼蟲生命而犧牲自己，更是讓人深深感佩母愛的偉大。

事實上，不只是昆蟲，所有生物（包括我們人類在內）存在於這世上的目的，都是為了繁衍後代。

瘤蠼螋獻出自己的身體給孩子吃，純粹只是寫在基因裡的本能行為反應，好讓自己的小孩能夠存活下來。

攝影／歲清勝晴Ⓔ、築地琢郎Ⓕ、安田守ⒼⒾ

第4章 最強的昆蟲？
幾天後在學校的後山
歷經變態的過程，開始會飛之後，昆蟲的種類越來越多……
而且牠們也用盡一切方法保護自己、繁衍後代，種族才能繁榮興盛。
昆蟲是地球上最龐大的族群，不知道哪種昆蟲是數量最多的呢？
那可以說是地球上最強的昆蟲！
這個嘛，這邊應該……
キョロ
キョロ
※四處張望
你們看那裡。
什麼？哪裡？
※趴下
大驚小怪，不就是螞蟻嗎？
小小螞蟻怎麼能說是最強的昆蟲呢？別開玩笑了！

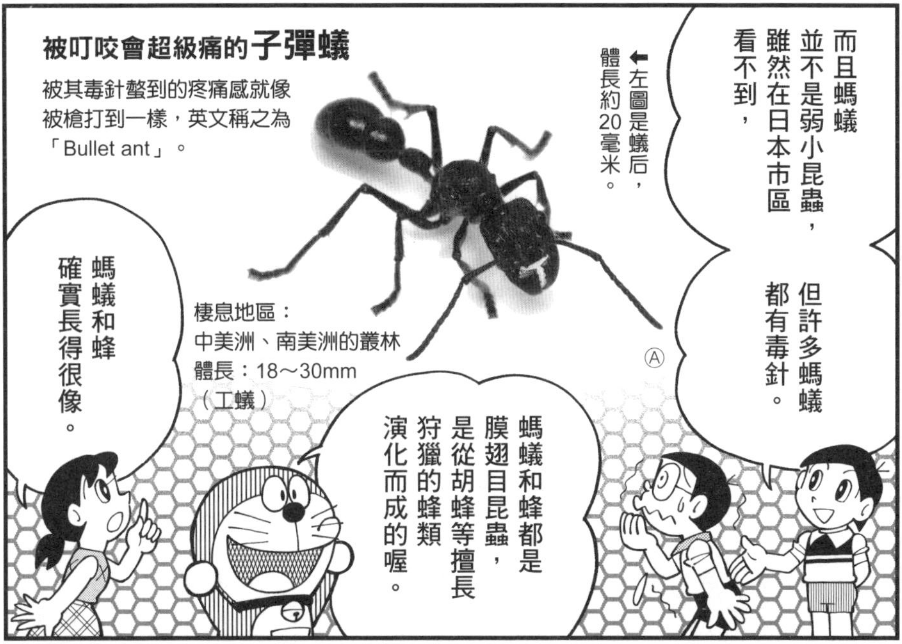

攝影／柳澤靜磨Ⓐ、小松貴Ⓑ　※1 京為 1 兆的一萬倍。

※照射

※噴

影像提供／photolibrary

※噴
哆啦A夢，幫我多噴一點。
プシュ
プシュ
プシュ
大雄是膽小鬼，怕死了。
接著戴上「頭燈」，幫我們照亮黑暗的地方，做好萬全準備。
出發！
※觸摸、嗅嗅
喔，發現螞蟻窩了。
有螞蟻耶，是衛兵嗎？
チョイ
チョイ

※觸摸、嗅嗅

影像提供／PIXTA

不知道這條路通到哪裡？
又是岔路，好像迷宮喔。
※現身
哇！
牠好像在吃東西？
牠不是在吃東西，而是在叼著卵搬運。
螞蟻卵是白色的，而且還亮亮的耶。
牠是從那邊來的，這代表……
可能是那個！

果然沒錯！
這是蟻后的房間！
那隻最大的螞蟻就是蟻后。
工蟻會用以口就口的方式餵食蟻后。
持續產卵超過 10 年
日本巨山蟻的工蟻壽命只有一年，蟻后則可以存活十年以上，在這段期間內持續產卵。專家認為蟻后一生可產下超過十萬顆卵。
蟻后的職責就是產卵。所有工蟻都是蟻后生的，負責照顧蟻后。
這麼說，窩裡的工蟻都是姊妹囉！
除了照顧蟻后和保護卵，工蟻還有許多工作要做。
接下來，我們再去看看其他房間吧！
蟻后房間旁會是什麼房間呢？

哇！這裡有好多卵。是卵室。
剛剛那隻螞蟻就是將蟻后產的卵搬到這裡。
牠在做什麼？
牠在舔卵，避免卵生病。
這隻螞蟻的嘴裡叼著什麼啊？
那是從卵孵化出的幼蟲，
牠正把幼蟲搬到其他房間。
這麼說……這裡還有育嬰室囉？
育嬰室
↑工蟻以口就口餵食、照顧幼蟲。
儲蛹室
↑工蟻會咬開蛹，幫助成蟲破蛹而出。
沒錯，隨著成長階段的不同，工蟻會將後代轉移至不同房間。
感覺好像人類的幼兒園、小學和中學等階段呢。

除了育嬰室之外，還有許多不同房間。
這裡儲存螞蟻帶回來的食物，相當於廚房和冰箱。
這裡是……收集食物殘渣與垃圾，近似廁所的地方。
螞蟻真愛乾淨。
※啃、咬
對了，當蟻窩的螞蟻增加，就要新增房間。
工蟻真的名符其實，整天都忙著工作呢。
在這麼安全的巢穴裡，所有螞蟻一起帶小孩，就能有許多幼蟲順利長大。
幼蟲長大之後，所有成蟲一起收集與分配食物，不必擔心沒有東西吃。
就像是一家人同心協力，一起生活。
這感覺好像……

沒錯，螞蟻過著和人類一樣的社會生活，
才能繁衍至今，代代相傳。
※盯
原來如此……聽你們這麼說，雖然剛開始覺得有點害怕，
但現在覺得充滿親切感呢！
？
哇！啊！救我！
他們要用嘴餵你吃東西啦！
螞蟻也覺得大雄很親切呢！
應該是噴太多蟻味瓦斯的關係……

貼身直擊！日本巨山蟻的生活

大雄一行人在蟻窩探險後，對日本巨山蟻產生極大興趣。接下來為追蹤漫畫沒介紹的日本巨山蟻的生活樣貌！

新蟻窩的誕生過程

同一個螞蟻窩中，有數千隻日本巨山蟻共同生活。但最一開始只有一隻蟻后做巢，從零開始。

新蟻后與雄蟻出巢相會

每年5到6月的傍晚，有翅膀的雄蟻與幾隻新蟻后（箭頭處），會從各處日本巨山蟻的蟻窩出來，彼此相遇。

新女王在空中結婚！

從不同蟻窩出來的雄蟻和新蟻后開始飛翔，在空中交配。雄蟻出生的目的就是為了這一場婚飛（指某些昆蟲交配時的群集飛行行為），飛行結束後便全部死亡。新蟻后交配後開始築巢，若在此之前被敵人攻擊，也會死亡。

⬆新蟻后與雄蟻的胸部都很精壯、結實，有助於展翅飛翔。雄蟻的頭部較小，是其身體特徵。

做巢、育兒
新蟻后十分忙碌

新蟻后結束婚飛後，以腳卸下翅膀，靠一己之力開始做巢。之後便進入巢裡，產下10顆卵。

➡如果花太多時間挖掘巢穴，很可能會遭到敵人的攻擊，因此最初挖的巢不大，只夠蟻后棲身。

⬆第一次產下的卵是由蟻后親自照顧。上圖箭頭處是已成繭的卵。孵化出來的是第一代工蟻，在這之後其他工作就都會交給工蟻處理，自己只負責產卵。

揭開日本巨山蟻的祕密！

現在已經知道蟻窩是如何建成的，但各位一定還有許多的疑問，包括「工蟻為什麼要用嘴餵食幼蟲？」、「遇到敵人時，螞蟻有何反應？」等，在此為各位解惑！

腹部有儲存食物的囊袋

螞蟻沒有手，卻能搬運找到的食物，用嘴餵食幼蟲，這都是拜「嗉囊」所賜。嗉囊位於口部到胃部的通道，沒有消化功能，是暫時儲存食物的器官。

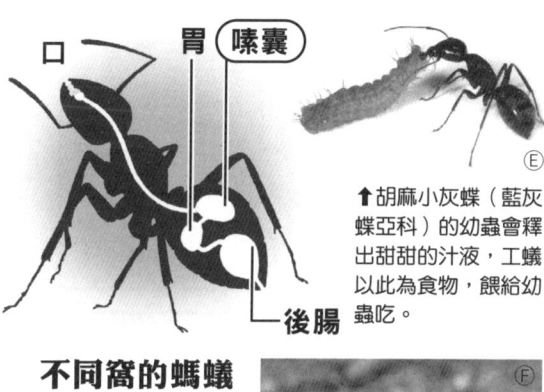

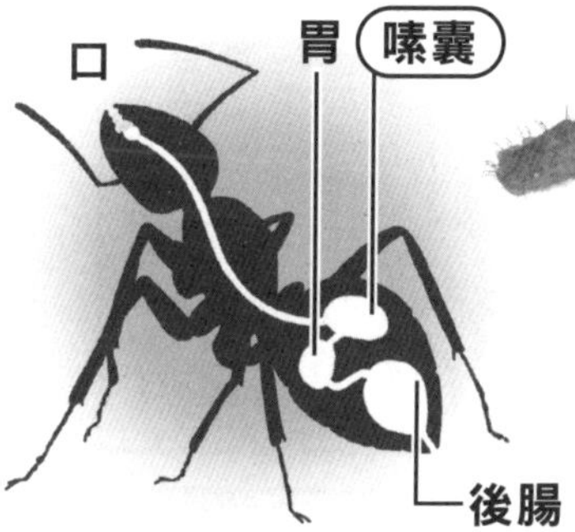
口
胃
嗉囊
後腸

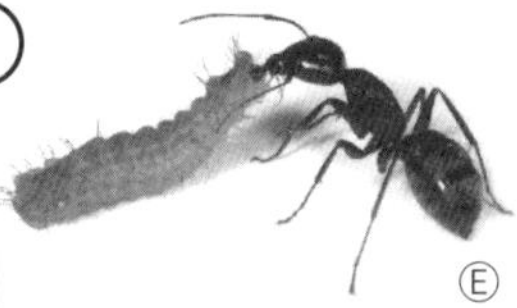
Ⓔ

⬆胡麻小灰蝶（藍灰蝶亞科）的幼蟲會釋出甜甜的汁液，工蟻以此為食物，餵給幼蟲吃。

不同窩的螞蟻會打架……

Ⓕ

同樣是日本巨山蟻，來自不同蟻窩的螞蟻就是敵人。右邊的螞蟻正要從腹部噴出毒液。

不只是幼蟲還會搬運成蟲夥伴

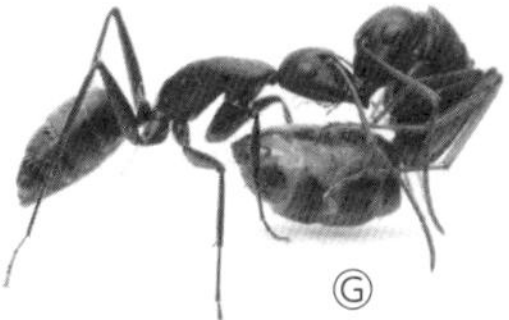
Ⓖ

剛羽化的螞蟻（右邊）會縮起腳和觸角，方便夥伴搬運。工蟻就用這個方式移動剛羽化的成蟲。

日本巨山蟻一家大公開！

蟻窩裡可以看到4種螞蟻。「兵蟻」是體型很大的工蟻，身體的結構和工蟻一樣。

工蟻 約 7mm 壽命約1～2年（※）

兵蟻 約 12mm

雄蟻 約 11mm 壽命約1個月

蟻后 約 17mm

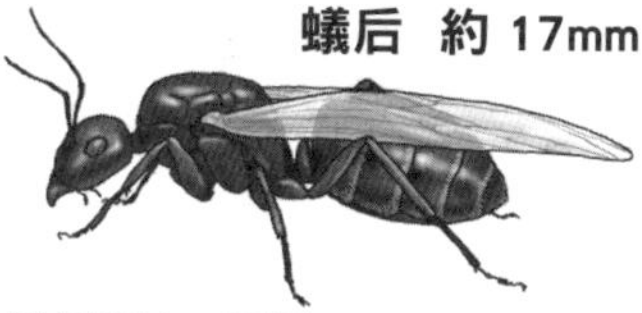

壽命約10～20年

※兵蟻也一樣。

所有液體都能儲存在嗉囊裡，運回蟻窩。

當日本巨山蟻的蟻窩成長到有幾千隻同伴共同生活後，每年蟻后都會產下新蟻后和雄蟻，分巢而居。

各位知道在蟻后死了之後，原本的巢穴將會如何？答案是原本不產卵的工蟻會開始產卵，而且只產下雄蟻。雄蟻出生後會飛出巢穴，繁衍後代。

另一方面，蟻窩的螞蟻數量會因為沒有新的工蟻出生而不斷的減少，最終在蟻后死後不久，巢穴就會覆滅。由此可見，蟻后是整個蟻窩的中心。

攝影／OKUYAMA HISASHIⒹ、島田 拓ⒺⒼ　影像提供／PIXTAⒶⒷⒸⒻ

不過，螞蟻的生活與人類的共通之處不只如此。
螞蟻也會像人類，從事「畜牧」和「農業」唷。
畜牧?! 農業?!
※飛翔
畜牧指的是飼養牛隻、雞隻，獲取牛奶與雞蛋的產業，對吧？
這很難，螞蟻不可能做到。
那我們就去「螞蟻牧場」看看吧！
在巢穴外嗎？
你們看看那裡。
那是吸取植物汁液的蚜蟲，那是害蟲。
還有一群螞蟻，螞蟻在吃蚜蟲嗎？

你們有沒有看到蚜蟲從屁股分泌液體？螞蟻就是在吸取那個液體。
那個液體甜甜的，是螞蟻最喜歡的食物。
※飛走
咦？有瓢蟲在那裡和螞蟻打架耶！
ブ
哇！
螞蟻把瓢蟲趕走了。
瓢蟲是吃蚜蟲的天敵。
螞蟻可以趕走蚜蟲的天敵，這代表……
螞蟻保護蚜蟲，是為了獲取甜甜的汁液呢。
瓢蟲
擊退
保護
蚜蟲
沒錯！
這跟人類飼養乳牛，是為了獲取牛奶的行為相同。
瓢蟲就像是攻擊家畜的猛獸。

體長9～12mm（工蟻）。成群切下植物的葉子，一起搬回巢裡。除了搬運葉子之外，有些螞蟻會待在葉子上監視四周，避免寄生蠅在巢裡的葉子產卵。

影像提供／PIXTA

那些葉子和農業有關嗎？
我們跟著那排螞蟻去看看吧！
哇！那座山是怎麼回事？
那是用切葉蟻做巢時挖出來的土形成的小山，蟻窩就在下面。
蟻窩內
哇！這一大塊東西是什麼啊？
那是切葉蟻培育的蕈類菌絲。

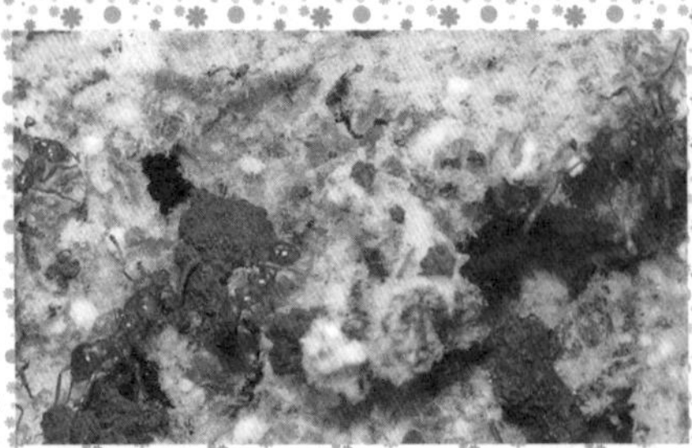

⬆白色的就是菌絲。培育的菌絲塊成為蟻窩，蟻后也住在這裡。

⬆將大顎當成美工刀使用，切下葉子。除了吃用葉子培育的蕈類菌絲，也吸取植物汁液。

切葉蟻將蕈類真菌種在運回巢裡的葉子上……
牠們就是吃自己培育的蕈類菌絲維生。

就像人類吃自己種植的作物。
動物通常是以獵捕或收集食物維生，螞蟻竟然會務農。真厲害。
而且，人類是從一萬年前開始務農……
但昆蟲從八千萬年前就開始從事農業。
1萬年
人類
8000萬年
螞蟻
看到牠們，我也想來種東西，從事農業。
好主意。
絕對不能輸給螞蟻！
這樣的話，要不要試試這個？

攝影／西田貴司

「快樂的假日農業組」。
稻田地毯
稻草人
迷你小太陽
速成雨雲
晴天娃娃
稻苗
在室內耕種兩個榻榻米大小的田地，只要兩個小時就能收割稻米。
機會難得，就向日本巨山蟻借一個房間種田吧！
聽起來很好玩啊！
※狂風暴雨
這場大雨什麼時候才會停啊？
沒聽說會有颱風來啊！
※豔陽高照
好熱，手腳都是泥……
這個組合就是讓人們充分體驗務農的辛苦。
才剛開始一個小時而已……
不做了。
我好餓喔……
我動不了了……
農業對決的結果是切葉蟻獲勝。

解密！昆蟲的社會生活～蜜蜂篇

和家人一起生活，過著集體育兒「社會生活」的昆蟲不是只有螞蟻，一起來比較蜜蜂、胡蜂與白蟻真實的生活樣貌吧！

六角形房室排列成大蜂巢

日本有日本蜂與外來的西方蜜蜂兩種，蜂巢內排列滿滿的六角形房室，過著集體生活。

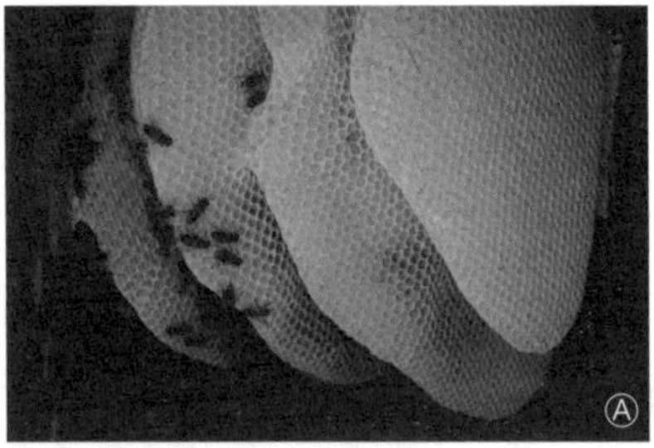

←人類會用蜂箱飼養蜜蜂，照片中是野生的日本蜂巢。蜂巢板的正反兩面排列著滿滿的房室，通常建構在不受風吹雨打的樹木後方或是屋簷下方，而且會有好幾片蜂巢板。

數萬隻蜜蜂一起生活

大致來說，一隻女王蜂（箭頭處）會與數百隻雄蜂、數萬隻工蜂一起生活。女王蜂只負責產卵，雄蜂和螞蟻一樣在婚飛時離巢，所有工蜂都是女王蜂產下的雌蜂。

房室有三種

通常育嬰室位於巢中央，周圍是儲存花粉和花蜜的房室。

●育嬰室

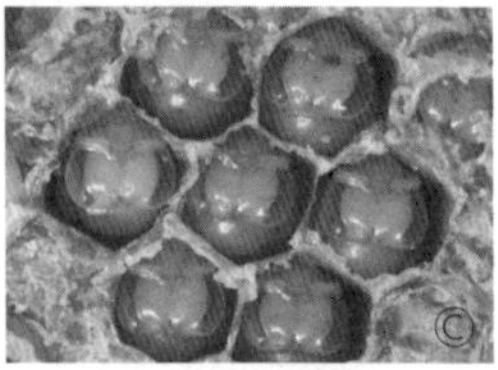

工蜂負責照顧卵，一直到羽化為止。

●儲存花粉的房室

混合蜂蜜後塞進房室裡，當成幼蟲的糧食。

●儲存蜂蜜的房室

蜂蜜是巢裡所有蜜蜂的食物。

何謂「分巢」？

在新任女王蜂羽化之前，前任的女王蜂必須建構新巢，帶著所有蜜蜂離巢。照片為築巢之前，暫時齊聚在樹枝上的蜂群。

工蜂嗡嗡嗡，從早忙到晚！

工蜂長大後的壽命只有40天左右，工作內容依羽化後的天數而異。

照顧幼蟲

從羽化後幾天起，工蜂就會從口中吐出營養豐富的「蜂皇漿」，與儲存的蜂蜜和花粉拌勻，餵給幼蟲吃。

用「蜜蠟」築巢

羽化後兩週，工蜂會從腹部分泌「蜜蠟」，嚼碎後充分混勻，在巢裡建構房室。

Ⓖ

採集花蜜和花粉

外出採集花蜜和花粉是很危險的工作，很可能遭遇外敵的攻擊，因此會是由羽化20天後的前輩負責。工蜂將花蜜儲存在「蜜胃」（相當於螞蟻的嗉囊，請參照第103頁），花粉則做成丸子沾在腳上，帶回巢裡。

圓舞
八字舞

←蜜蜂利用舞蹈告訴同伴食物的位置，包括距離和方位。當食物離巢較近，蜜蜂就跳圓舞，距離較遠就跳八字舞。

與攻擊巢穴的敵人奮戰

由於胡蜂的身體很健壯，蜜蜂的毒針對胡蜂無效。遇到胡蜂攻擊巢穴時，日本蜜蜂會像右圖將其團團圍住，升高體溫，利用熱擊退敵人。

Ⓗ

工蜂要做的工作好多，像是在公司上班一樣。

話說回來，前任女王蜂離巢，「分巢」後的舊巢如何處置呢？

和螞蟻一樣，新任的女王蜂在羽化一週後展開「婚飛」，與其他巢裡的雄蜂交配，回到舊巢。此後，新任女王蜂也跟隨前任女王蜂的腳步，過著每天產卵的日子。

令人感到驚悚的是，在婚飛之前，新任女王蜂會將巢裡其他新生女王蜂的幼蟲和蛹全部殺光。不僅如此，同時期蛹化的其他新生女王蜂也無法倖免。看來登基當女王不是一件輕鬆的事。

攝影／OKUYAMA HISASHIⒸ、植松國雄Ⓖ 影像提供／photolibraryⒶⒺ、PIXTAⒷⒻⒽ、杉養蜂園Ⓓ

解密！昆蟲的社會生活～胡蜂篇

胡蜂屬於肉食性昆蟲，攻擊性極強。雖然與蜜蜂同為蜂類，但社會生活的形式大相逕庭。

由厚牆包圍的大型球狀蜂巢

胡蜂會在土裡、樹枝上等許多地方築巢，但所有巢的結構都與右圖的黃色胡蜂大致相同。

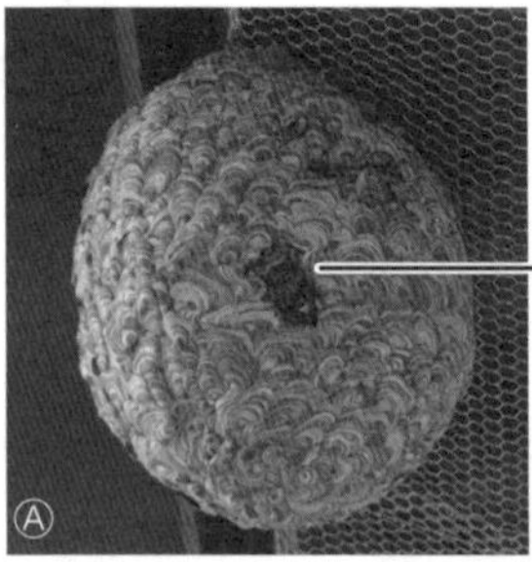

Ⓐ

黃色胡蜂的巢

在屋簷下等房屋附近築巢，最大達80cm。

側邊有出入口

負責監視守衛的工蜂隨時守在門口，有敵人靠近就攻擊。

黃色胡蜂

Ⓑ

工蜂的體長17～25mm，雖然比虎頭蜂小，但同樣具有極強攻擊性，棲息在一般人家的附近，許多人受害。

Ⓒ

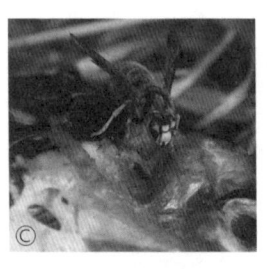

➡工蜂採集棕熊吃剩的魚肉。除了昆蟲之外，黃色胡蜂也會將其他動物屍體做成肉丸。

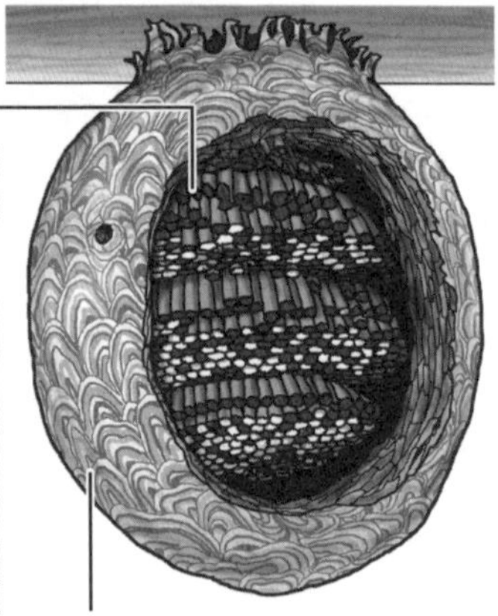

房室裡有好幾片巢板

巢裡的小房室約有一萬間，有時光是工蜂就超過一千隻。

巢是由厚牆層層包圍

以嚼碎的木頭為材料，重複塗刷成層層外牆，為蜂巢保溫。

⬆工蜂將捕捉到的昆蟲做成肉丸，餵幼蟲吃，並從幼蟲獲取富有蛋白質的體液。

黃色胡蜂已適應城市生活

黃色胡蜂也會在人造物上築巢，吃廚餘維生。近年來在城市地區越來越常見，不時傳出民眾被螫的新聞。

⬆沒喝完的果汁罐頭也成為黃色胡蜂的食物。

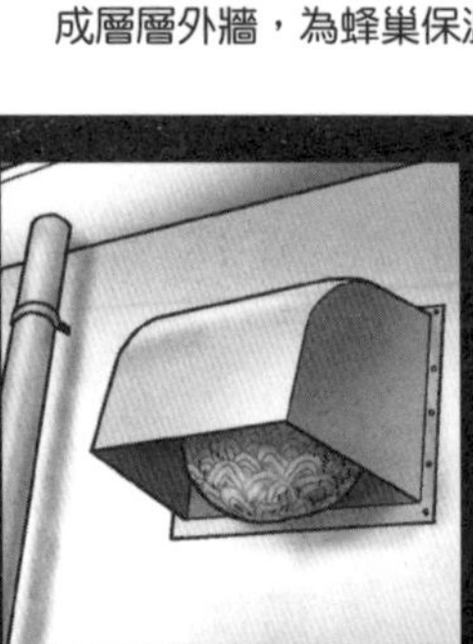

⬅毫不在意的在換氣孔的罩子築巢。

這一點也不同！胡蜂與蜜蜂

除了蜂巢形狀和結構，還有許多不同之處。

蜂巢的原料是「木頭」

右邊是啃咬枯樹的胡蜂。相較於蜜蜂以蜜蠟做巢（詳情參照第111頁），胡蜂則是以嚼碎的木材築巢。

攻擊其他蜜蜂的巢

左邊是攻擊長腳蜂巢的姬虎頭蜂，卵和幼蟲都被消滅殆盡。幾隻大虎頭蜂就能殲滅一個蜂巢的情形十分常見。

蜂巢只用一年 新任女王蜂過冬

右邊是在枯木中過冬的擬大虎頭蜂的新任女王蜂。只有在秋季出生的新任女王蜂會出巢去過冬，剩下的蜂會全部死亡，巢穴失去作用。

要多加留意長腳蜂！

上圖的中華長腳蜂等長腳蜂類，雖然體型不如胡蜂大，但仍會做巢。而且帶有毒針，各位一定要小心。

上圖為長腳蜂的巢，沒有覆蓋的外殼，形狀如蓮蓬頭，與胡蜂的巢型不同。

除了「肉食」之外，
胡蜂與蜜蜂
還有許多
不同之處。

胡蜂的毒性很強，每年都高居野生動物致死數第一名。

不僅是被毒針螫到很恐怖，牠還會向對手噴毒液。更恐怖的是毒液接觸到眼睛會導致失明，而且毒液還會吸引同伴一起攻擊。

最危險的時期是在公蜂數量增加、糧食卻不足的秋天。各位如果在附近發現胡蜂巢，千萬不可以靠近，並且要儘快告知大人。

攝影／新庄康平（知床財團）Ⓒ、OKUYAMA HISASHIⒼ　影像提供／photolibraryⒶⒹⒽ、PIXTAⒷⒺⒻ

影像提供／photolibrary

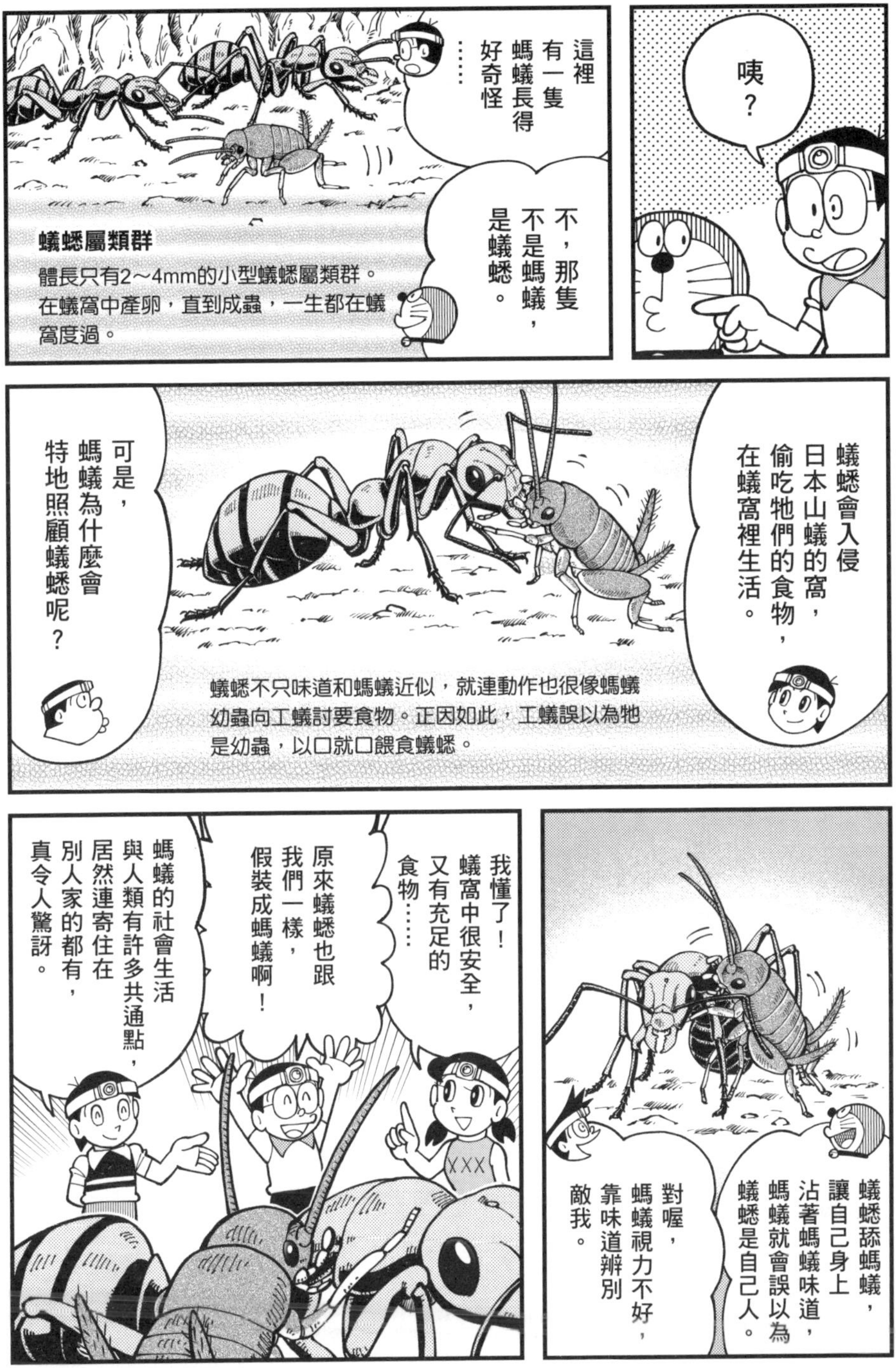

咦？
這裡有一隻螞蟻長得好奇怪……
不，那隻不是螞蟻，是蟻蟋。
蟻蟋屬類群
體長只有2～4mm的小型蟻蟋屬類群。在蟻窩中產卵，直到成蟲，一生都在蟻窩度過。
蟻蟋會入侵日本山蟻的窩，偷吃牠們的食物，在蟻窩裡生活。
可是，螞蟻為什麼會特地照顧蟻蟋呢？
蟻蟋不只味道和螞蟻近似，就連動作也很像螞蟻幼蟲向工蟻討要食物。正因如此，工蟻誤以為牠是幼蟲，以口就口餵食蟻蟋。
蟻蟋舔螞蟻，讓自己身上沾著螞蟻味道，螞蟻就會誤以為蟻蟋是自己人。
對喔，螞蟻視力不好，靠味道辨別敵我。
我懂了！蟻窩中很安全，又有充足的食物……
原來蟻蟋也跟我們一樣，假裝成螞蟻啊！
螞蟻的社會生活與人類有許多共通點，居然連寄住在別人家的都有，真令人驚訝。

還有喔，寄住在蟻窩裡的不只有蟻蟋。
甘蔗胸粉介殼蟲
Ⓐ
屬於半翅目的一種介殼蟲。腹部前方分泌甜甜的汁液，在臀山蟻的巢裡長大。
胡麻小灰蝶
Ⓑ
幼蟲會釋出紅家蟻喜歡的甜甜汁液。如照片所示被帶往蟻窩生活，一直長到成蟲為止。
※搶
蟻蟋竟然搶螞蟻的食物，真是討厭的寄生蟲。
到處都有像胖虎這樣的傢伙。
借我。
バッ
對，你說的……
咦？
事實上，蟻蟋不只搶食物，連蟻卵和幼蟲也吃。
胡麻小灰蝶的幼蟲也是這樣。
什麼！這不只壞，根本壞透了！
我們也是多虧身上有蟻味，螞蟻才會把我們當成家人對待。
胡麻小灰蝶的幼蟲在被運到蟻窩前，吃花穗維生；運到蟻窩後，就變成肉食性。

攝影／島田 拓ⒶⒷ、朝倉秀之Ⓒ 影像提供／PIXTAⒹ

↑胡麻小灰蝶（右）與黑灰蝶。兩者展開前翅的大小約為40mm，常見於本州與九州※。

※絆倒、跌倒

※北海道也能見到胡麻小灰蝶的蹤跡。

※滾動、摔落

這幾隻螞蟻……
看起來怪怪的。
可能是我們摔下來之後，身體上的蟻味瓦斯也沒了。
不會吧？
因為蝴蝶羽化為成蟲後，就無法散發出螞蟻的味道了……
所以得在被螞蟻吃掉前，趕快離開蟻窩。
你們沒事吧？
哆啦A夢，趕快再噴一次蟻味瓦斯！
好，交給我！
啊……瓦斯沒了。
噗嘶……
快逃啊！
哆啦A夢，你真是靠不住！
對不起！

解密！昆蟲的社會生活～白蟻篇

雖然名字很類似，但白蟻和螞蟻很不一樣。不過，還是有幾項共通點，包括視力不佳，工蟻都沒有翅膀，兩者都有兵蟻等。

與蟑螂是親戚 幼蟲負責勞動

以日本最常見的日本白蟻為例，一起探索以若蟲為主角，與眾不同的白蟻社會。

以木材為食物的日本白蟻

左邊是體長5～7mm的工白蟻，以枯木和朽木為食，在其內部做巢。棲息在日本北海道南部以南，是有名的居家害蟲。

⬆被日本白蟻啃食嚴重的柱子。

卵（箭頭處）

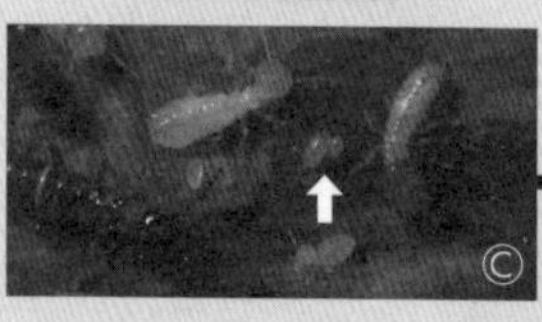

驚恐度更勝一籌的台灣家白蟻

即使是乾掉的柱子，台灣家白蟻也會從外面運來溼潤的泥土，將柱子弄溼後再吃，造成的損害比日本白蟻更加嚴重。

若蟲

會長出翅膀的幼蟲

成蟲會長出翅膀，離巢交配，繁衍子孫。

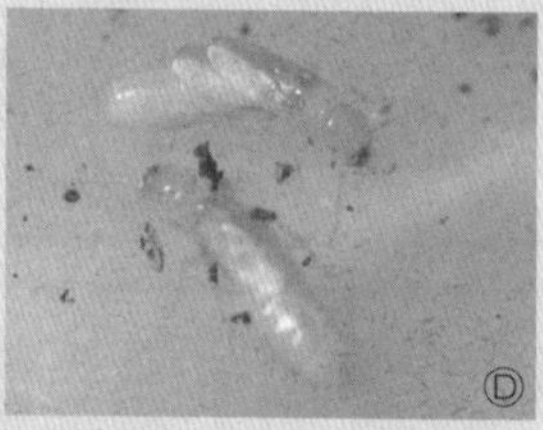

白蟻兵蟻

大顎（箭頭處）發達，適合與外敵交戰。

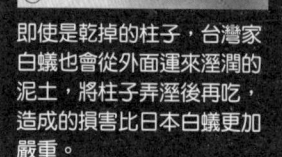

白蟻工蟻※

在若蟲階段就停止成長，與工蟻不同的是，白蟻工蟻有雄、有雌。牠們不交配，一心為大家工作。

成蟲

成蟲有翅膀

成蟲有雄有雌，如同日本巨山蟻，每年5～6月分飛。和其他巢的白蟻交配，成為白蟻后和白蟻王，建構新巢。

白蟻后和白蟻王

與螞蟻不同，白蟻並非只有蟻后。白蟻后負責產卵，白蟻王的工作是待在白蟻后身邊，需要時交配。

※白蟻工蟻的壽命約為 2 年，白蟻后和白蟻王可存活數十年。

白蟻是昆蟲界的大建築家！

白蟻棲息在亞熱帶和熱帶地區，有些白蟻會做巨型蟻塚。如右圖所示，蟻塚內部有專門用來培育蕈類菌絲的菌園。最多可能數百萬隻白蟻一起生活。

➡有些蟻塚的高度達五公尺，是非人類建造的建築物中最大的。這是經年累月形成的結果。

中央換氣孔
讓空氣流通，室內維持一定溫度。
糧食倉庫
儲存白蟻工蟻採集的食物。
菌圃
將菌種在糞便裡，培育出來的菌絲是幼蟲的食物。
王室
白蟻王與白蟻后居住的地方，由白蟻工蟻照顧生活起居。

⬆白蟻只住在地底，地面上的部分發揮保護蟻塚的作用。

日本也有！蕈農白蟻

日本的白蟻不會建造蟻塚，但是有些白蟻卻懂得建造菌圃。棲息在琉球群島的台灣土白蟻。將蕈類的菌種在糞便裡，培育分解，吃下肚成為營養來源。

白蟻是蟑螂的親戚，螞蟻則和蜜蜂是同一類。牠們是不同的昆蟲，有些會婚飛，有些白蟻會培育蕈類（例如切葉蟻，請參照一〇七頁之後的內容），令人感到驚奇。如果要說共通點，有些昆蟲會寄生在蟻窩（請參照一一四頁之後的內容），白蟻也會寄生在蝶蛾類群的巢裡。或許是老生常談，但這種種的一切無不體現出生命的奧妙。

日本白蟻喜歡溼潤的木材，一定要注意。

攝影／島田拓Ⓖ　影像提供／PIXTAⒶⒺⒻⒾ、株式會社TEORIA HOUSE CLINICⒷⒸⒹⒽ

往這條路走！
螞蟻從那邊過來了！
大家快過來！
旁邊有一個洞穴！
太好了，我們一口氣跑出地面！
咦？
沒路了……
什麼?!
※狂奔
哇啊啊啊啊！牠們過來了！我們完蛋了！

※狂奔

咦？
牠們為什麼往前跑？
剛剛那些不是日本山蟻，而是武士蟻。
攝影／島田拓
武士蟻
體長5～8mm（工蟻）。常見於日本北海道到九州，外型近似日本山蟻，但體型略大，體色偏黑。上方照片皆為工蟻，右邊的武士蟻體型較大。
真的耶……長相與日本山蟻不同。
！
日本山蟻
武士蟻
⬆武士蟻的大顎像鐮刀，日本山蟻的大顎則是倒三角形。
我知道了！原來是武士蟻入侵日本山蟻的窩！
入侵？

武士蟻攻擊日本山蟻的窩，偷走蛹和繭。
這麼說，牠們一開始就不是要追我們，而是要去偷蛹和繭！
↑武士蟻完全不帶小孩，偷日本山蟻的蛹和繭，是為了讓日本山蟻幫牠們工作。
那些被帶走的蛹，羽化為成蟲後，就在武士蟻的窩一輩子照顧武士蟻，幫武士蟻工作。
武士蟻
日本山蟻
什麼?!
↑被帶走的日本山蟻以為武士蟻是自己的夥伴，攬起餵食、照顧幼蟲的工作。
這麼說，剛剛那些武士蟻……
一定是在找存放蛹和繭的房間。
怎麼這樣……太可憐了！

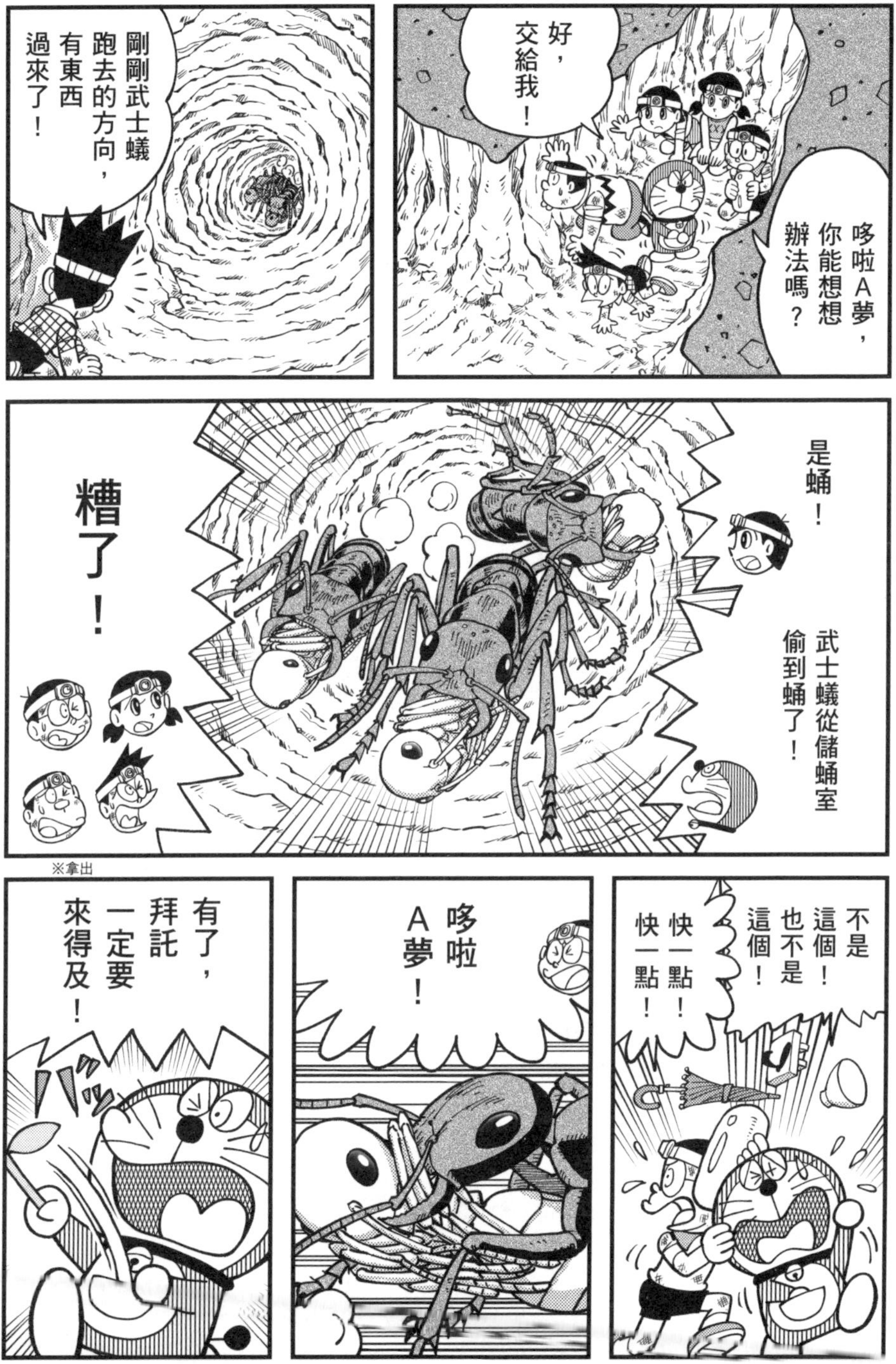

哆啦A夢，你能想想辦法嗎？
好，交給我！
剛剛武士蟻跑去的方向，有東西過來了！
是蛹！
武士蟻從儲蛹室偷到蛹了！
糟了！
※拿出
不是這個！也不是這個！
快一點！快一點！
哆啦A夢！
有了，拜託一定要來得及！
バッ

※眼神呆滯
ポワーーン
※鬆手
ポロン…
太好了，放下來了！
這是「忘卻花」，只要聞味道就會忘記要做的事。
我讓牠們忘記要攻擊蟻窩的事了。
※眼神呆滯
聞啊！快聞啊！
ポワ～ン
還有你們，全部都回家吧！
ポトポトポトポト
※鬆手

太好了！還是哆啦A夢有辦法！
※眼神呆滯
武士蟻都回家了，
我們也差不多該回……
咦？
ポワーン
糟了！
回家？回哪裡？
咦？這個白色的是什麼啊？
這裡是哪裡？

哆啦A夢科學大冒險 7
昆蟲星球探險隊

- 角色原作／藤子・F・不二雄
- 日文版審訂／丸山宗利（日本九州大學綜合研究博物館副教授）
- 漫畫／肘岡誠
- 插圖／阿部義記、杉山真理
- 日文版封面、版面設計／堀中亞理、雨宮真子＋ Bay Bridge Studio
- 日文版編輯／藤田健一
- 翻譯／游韻馨
- 台灣版審訂／顏聖紘
- 發行人／王榮文
- 出版發行／遠流出版事業股份有限公司
- 地址：104005 台北市中山北路一段 11 號 13 樓
- 電話：(02)2571-0297　傳真：(02)2571-0197　郵撥：0189456-1
- 著作權顧問／蕭雄淋律師

【參考資料】（順序不拘）
大崎直太編著《蝶的自然史－行動與生態的進化學－》（北海道大學圖書刊行會 2000）、內山昭一著《昆蟲食入門》（平凡社 2012）、鈴木知之著《蟲卵手冊》（文一綜合出版 2012）、丸山宗利等著《螞蟻巢穴的生物圖鑑》（東海大學出版會 2013）、小學館的圖鑑 NEO《[新版] 昆蟲》（小學 2014）、丸山宗利著《昆蟲真厲害》（光文社 2014）、岡島秀治審訂 ・ 安田守攝影《圖鑑蟲巢》（技術評論社 2015）、水野壯審訂《吃昆蟲！》（洋泉社 2016）、島田拓著《完全搞懂！螞蟻》（Poplar 社 2019）、安田守攝影 ・ 撰文《出生了！埋葬蟲》（岩崎書店 2020）、mushimoiselle 著《超級食物！昆蟲食最強指南》（辰巳出版 2020）、新開孝文・攝影《努力育兒椿象媽媽》（小學館 2021）

2025 年 2 月 1 日 初版一刷　2025 年 6 月 15 日 初版二刷

定價／新台幣 299 元（缺頁或破損的書，請寄回更換）

ISBN 978-626-418-078-8

遠流博識網 http://www.ylib.com　E-mail:ylib@ylib.com

ドラえもん　ふしぎのサイエンス——昆虫のサイエンス

◎日本小學館正式授權台灣中文版

- 發行所／台灣小學館股份有限公司
- 總經理／齋藤滿
- 產品經理／黃馨瑝
- 責任編輯／李宗幸
- 美術編輯／蘇彩金

國家圖書館出版品預行編目 (CIP) 資料

哆啦 A 夢科學大冒險 . 7：昆蟲星球探險隊 / 日本小學館編輯撰文；藤子・F・不二雄角色原作；肘岡誠漫畫；游韻馨翻譯 . -- 初版 . -- 台北市：遠流出版事業股份有限公司 , 2025.02
面；　公分 . --（哆啦 A 夢科學大冒險；7）

譯自：ドラえもんふしぎのサイエンス：昆虫のサイエンス
ISBN 978-626-418-078-8（平裝）

1. 科學　2. 昆蟲學　3. 漫畫

307.9　　113019190

DORAEMON FUSHIGI NO SCIENCE—KONCHU NO SCIENCE—
by FUJIKO F FUJIO

※ 本書為 2023 年日本小學館出版的《昆虫のサイエンス》台灣中文版，在台灣經重新審閱、編輯後發行，因此少部分內容與日文版不同，特此聲明。

★ 本書未特別載明的資訊皆為截至 2023 年 1 月 18 日的資料。

日文版審訂者

丸山宗利

北海道大學研究所農學研究科環境資源學專攻博士班課程修畢。農學博士。專研與螞蟻共生的多樣性解析。九州大學綜合研究博物館副教授。著作繁多，包括《昆蟲真厲害》（光文社）、《螞蟻巢穴的生物圖鑑》（合著、東海大學出版會）、《驚異的標本箱─昆蟲─》（合著、KADOKAWA）等。

台灣版審訂者

顏聖紘

專長為昆蟲系統分類、演化生態、生物擬態與警戒，以及野生動物貿易管制政策，現職國立中山大學生物科學系副教授。

譯者簡介

游韻馨

在豆府小樓與十隻豆豆一起過著鄉下生活的自由譯者。譯作包括【哆啦A夢科學任意門】系列、【名偵探柯南科學推理教室】系列、【世界史偵探柯南】系列等多部作品。

部落格：http://kaoruyu.pixnet.net/blog

e-mail：kaoruyu@hotmail.com

螯肢類

包括蜘蛛與中華鱟，身體分成頭胸部和腹部兩個部分。

蜘蛛類群

腹部表面的絲疣可以吐出蜘蛛絲，屬於肉食性，捕食昆蟲，有8隻腳。

從螯肢釋放毒素

「螯肢」（箭頭）相當於上顎，前端有毒牙，會釋放毒素。

⬆外來種紅背蜘蛛毒性強烈，被咬到會產生劇烈疼痛。

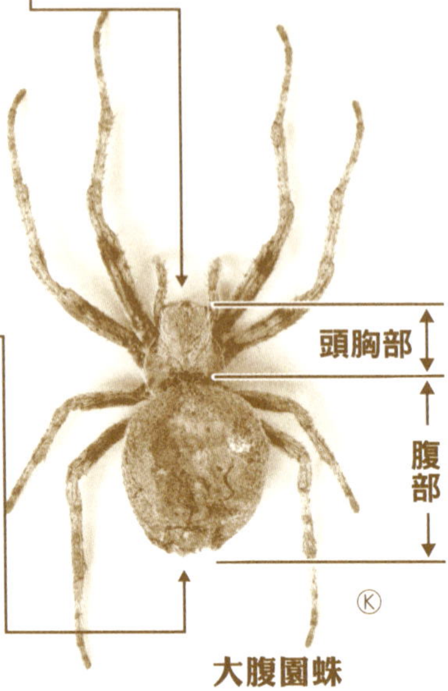

大腹圓蛛

遍布於日本各地，通常會在民宅屋簷下織一個又大又圓的網。雄蛛體長約15～20mm、雌蛛體長約18～28mm。

從腹部吐絲

腹部製造的液體從絲疣吐出時變成絲。

有一些蜘蛛不會結網

有些蜘蛛會到處走動，或棲息在土裡。

⬅三突花蛛會埋伏在葉子和花朵，捕食昆蟲。

➡卡氏地蛛會在地上結網（箭頭處），捕捉獵物。平時棲息在地底。

蠍子類群

發達的「觸肢」演化成鉗子狀，腹部前端有毒針，是其身體特徵。獵捕昆蟲為食。

⬆常見於琉球群島，體長40～70mm。毒性弱，棲息在民宅周邊的石頭下。

蜱蟎類群

體型小，生活形態依種類不同，有些寄生在動物身上，有些吃落葉。

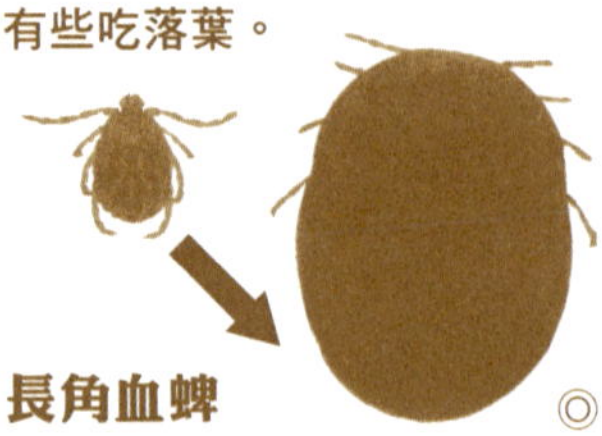

長角血蜱

⬆寄生在人類和動物身上，如照片所示，原本大約3mm的體長，吸血後會變大到10mm左右。日本各地都很常見。

攝影／朝倉秀之ⒷⒸ、OKUYAMA HISASHI ⒽⓁ 影像提供／PIXTA ⒶⒹⒺⒻⒾⒿⓀⓂ、北海道留萌振興局留萌農業改良普及中心Ⓖ、photolibrary Ⓝ、橫濱市衛生研究所Ⓞ

什麼？竟然不是？不是昆蟲的蟲蟲大研究

有些蟲看起來像昆蟲，卻完全不符合「身體分成頭部、胸部和腹部三個部分」、「有6隻腳」等昆蟲形態，各位不妨仔細研究。

棲息在陸地的甲殼類

此處介紹的3種甲殼類，外形最接近昆蟲。

鼠婦類群

雖然身體分成頭部、胸部和腹部三個部分，但有7對（14隻）腳。尋常球鼠婦與糙瓷鼠婦常見於庭院和草叢中，以落葉和昆蟲屍體為食。

尋常球鼠婦※

Ⓑ

受到刺激 → 身體捲起來

Ⓒ

Ⓐ

奇異海蟑螂

棲息於海岸，以生物屍體等各種食物維生。體長最大5cm，動作迅速。

Ⓓ

糙瓷鼠婦

體長10～12mm，長得很像尋常球鼠婦，但身體不會捲曲。本種棲息在日本中部地方以北，和尋常球鼠婦不同。

多足類

身體為直長形，特色在於體節形狀幾乎相同，還有許多隻腳。

少棘蜈蚣

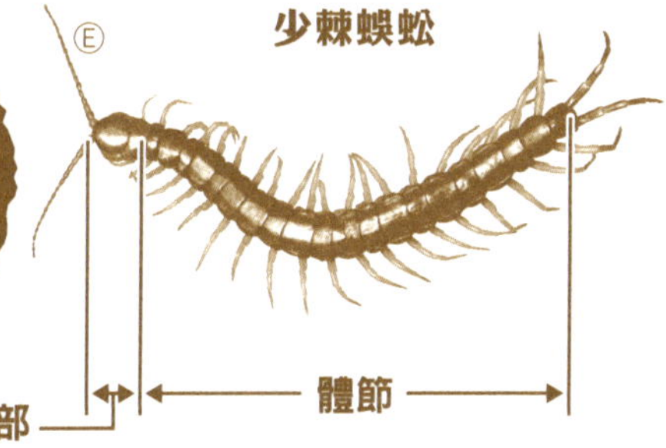

體長80～150mm，是日本體型最大的蜈蚣。常見於日本東北地方以南到沖繩，被咬到時會產生劇烈疼痛。

蜈蚣類群

身體分成頭部和體節，頭部有一對觸角。體節有許多腳，還有毒牙。捕食小型動物。

蚰蜒

體長25～30mm。日本各地可見，有許多長腳，動作迅速，捕食獵物。

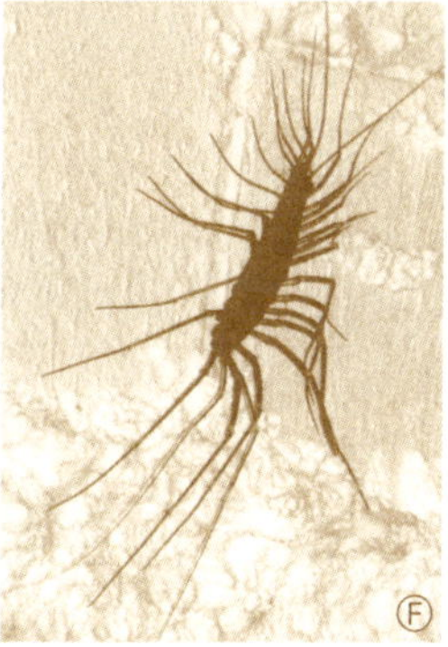
Ⓕ

馬陸類群

身體結構和蜈蚣一樣，不過無毒，會分泌臭液，捲曲身體保護自己。

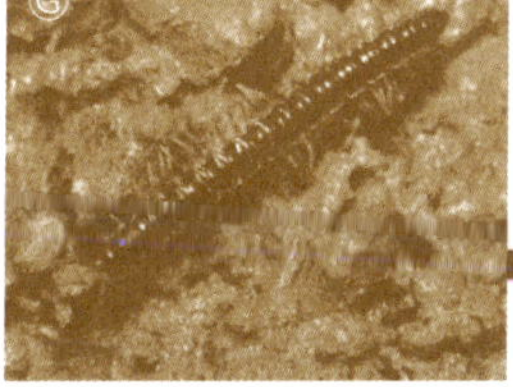
Ⓖ

溫室馬陸

遍布日本全國，民宅庭院也能發現其蹤跡。以落葉為食，這一點與蜈蚣不同。

受到刺激就會捲曲身體 →

※ 幾乎日本各地都能看到尋常球鼠婦。